建设工程质量检测人员岗位培训教材

建筑安装工程与建筑智能检测

江苏省建设工程质量监督总站 编

中国建筑工业出版社

图书在版编目（CIP）数据

建筑安装工程与建筑智能检测/江苏省建设工程质量监督总站编，—北京：中国建筑工业出版社，2009
（建设工程质量检测人员岗位培训教材）
ISBN 978-7-112-11154-1

Ⅰ. 建… Ⅱ. 江… Ⅲ. ①建筑安装工程—质量检测—技术培训—教材②智能建筑—自动化系统—质量检测—技术培训—教材 Ⅳ. TU758 TU855

中国版本图书馆 CIP 数据核字（2009）第124719号

本书是《建设工程质量检测人员岗位培训教材》系列书中的一本，全面系统地阐述了建筑安装工程和建筑智能工程所使用的各种原材料、半成品、构配件及工程实体的检测要求、注意事项等，主要包括空调系统检测、建筑水电检测、建筑智能检测等内容，力求使读者通过本书的学习，提高对建筑安装工程和智能检测的认识，本书既可作为工程质量检测人员的培训教材，也可作为建设、监理单位的工程质量见证人员、施工单位技术人员和现场取样人员的工具书。

责任编辑：郦锁林　岳建光
责任设计：董建平
责任校对：梁珊珊　兰曼利

建设工程质量检测人员岗位培训教材
建筑安装工程与建筑智能检测
江苏省建设工程质量监督总站　编

*

中国建筑工业出版社出版、发行（北京西郊百万庄）
各地新华书店、建筑书店经销
南京碧峰印务有限公司制版
北京同文印刷有限责任公司印刷

*

开本：850×1168 毫米　1/16　印张：11¼　字数：332 千字
2010 年 4 月第一版　　2010 年 11 月第二次印刷
印数：3001－6000 册　　定价：30.00元
ISBN 978-7-112-11154-1
（18408）
版权所有　翻印必究
如有印装质量问题，可寄本社退换
（邮政编码 100037）

《建设工程质量检测人员岗位培训教材》编写单位

主编单位: 江苏省建设工程质量监督总站

参编单位: 江苏省建筑工程质量检测中心有限公司
东南大学
南京市建筑安装工程质量检测中心
南京工业大学
江苏方建工程质量鉴定检测有限公司
昆山市建设工程质量检测中心
扬州市建伟建设工程检测中心有限公司
南通市建筑工程质量检测中心
常州市建筑科学研究院有限公司
南京市政公用工程质量检测中心站
镇江市建科工程质量检测中心
吴江市交通局
解放军理工大学
无锡市市政工程质量检测中心
南京科杰建设工程质量检测有限公司
徐州市建设工程检测中心
苏州市中信节能与环境检测研究发展中心有限公司
江苏祥瑞工程检测有限公司
苏州市建设工程质量检测中心有限公司
连云港市建设工程质量检测中心有限公司
江苏科永和检测中心
南京华建工业设备安装检测调试有限公司

《建设工程质量检测人员岗位培训教材》编写委员会

主　任：张大春

副主任：蔡　杰　金孝权　顾　颖

委　员：周明华　庄明耿　唐国才　牟晓芳　陆伟东
谭跃虎　王　源　韩晓健　吴小翔　唐祖萍
季玲龙　杨晓虹　方　平　韩　勤　周冬林
丁素兰　褚　炎　梅　菁　蒋其刚　胡建安
陈　波　朱晓旻　徐莅春　黄跃平　郇扣霞
邱草熙　张亚挺　沈东明　黄锡明　陆震宇
石平府　陆建民　张永乐　唐德高　季　鹏
许　斌　陈新杰　孙正华　汤东婴　王　瑞
胥　明　秦鸿根　杨会峰　金　元　史春乐
王小军　王鹏飞　张　蓓　詹　谦　钱培舒
王　伦　李　伟　徐向荣　张　慧　李天艳
姜美琴　陈福霞　钱奕技　陈新虎　杨新成
许　鸣　周剑峰　程　尧　赵雪磊　吴　尧
李书恒　吴成启　杜立春　朱　坚　董国强
刘咏梅　唐笋翀　龚延风　李正美　卜青青
李勇智

《建设工程质量检测人员岗位培训教材》审定委员会

主　任：刘伟庆

委　员：缪雪荣　毕　佳　伊　立　赵永利　姜永基
殷成波　田　新　陈　春　缪汉良　刘亚文
徐　宏　张培新　樊　军　罗　韧　董　军
陈新民　郑廷银　韩爱民

前　言

随着我国建设工程领域内各项法律、法规的不断完善与工程质量意识的普遍提高,作为其中一个不可或缺的组成部分,建设工程质量检测受到了全社会日益广泛的关注。建设工程质量检测的首要任务,是为工程材料及工程实体提供科学、准确、公正的检测报告,检测报告的重要性体现在它是工程竣工验收的重要依据,也是工程质量可追溯性的重要依据,宏观上讲,检测报告的科学性、公正性、准确性关乎国计民生,容不得丝毫轻忽。

《建设工程质量检测管理办法》(建设部第141号令)、《江苏省建设工程质量检测管理实施细则》、江苏省地方标准《建设工程质量检测规程》(DGJ 32/J21－2009)等的相继颁布实施,为规范建设工程质量检测行为提供了法律依据;对工程质量检测人员的技术素质提出了明确要求。在此基础上,江苏省建设工程质量监督总站组织编写了本套教材。

本套教材较全面系统地阐述了建设工程所使用的各种原材料、半成品、构配件及工程实体的检测要求、注意事项等。教材的编写以上述规范性文件为基本框架,依据相应的检测标准、规范、规程及相关的施工质量验收规范等,结合检测行业的特点,力求使读者通过本教材的学习,提高对工程质量检测特殊性的认识,掌握工程质量检测的基本理论、基本知识和基本方法。

本套教材以实用为原则,它既是工程质量检测人员的培训教材,也是建设、监理单位的工程质量见证人员、施工单位的技术人员和现场取样人员的工具书。本套教材共分九册,分别是《检测基础知识》、《建筑材料检测》、《建筑地基与基础检测》、《建筑主体结构工程检测》、《市政基础设施检测》、《建筑节能与环境检测》、《建筑安装工程与建筑智能检测》、《建设工程质量检测人员岗位培训考核大纲》、《建设工程质量检测人员岗位培训教材习题集》。

本套教材在编写过程中广泛征求了检测机构、科研院所和高等院校等方面有关专家的意见,经多次研讨和反复修改,最后审查定稿。

所有标准、规范、规程及相关法律、法规都有被修订的可能,使用本套教材时应关注所引用标准、规范、规程等的发布、变更,应使用现行有效版本。

本套教材的编写尽管参阅、学习了许多文献和有关资料,但错漏之处在所难免,敬请谅解。为不断完善本套教材,请读者随时将意见和建议反馈至江苏省建设工程质量监督总站(南京市鼓楼区草场门大街88号,邮编210036),以供今后修订时参考。

目　录

第一章 空调系统检测

概 述

建筑工程作为一种特殊产品，其质量的优劣直接关系到国家和人民的生命财产安全，关系到社会稳定。而随着人们的质量意识的提高，对工程建设质量的要求也越来越高，人们对建筑工程质量要求已不仅仅满足于主体结构安全，更越来越关注建筑的功能要求和环境舒适要求，而空调系统作为建筑安装工程的重要组成部分，其安装质量最直接体现建筑的功能和环境质量，由于受人们重视程度和检测能力的影响，空调综合能效检验、洁净室测试在各地开展都较晚，且发展不均衡，但随着经济和社会事业飞速发展，空调在公共建筑物的普遍使用，空调系统的安全经济性，尤其是否节能已显得尤为重要，为使检测人员切实提高技术理论水平和实践检测能力，本章重点介绍了空调系统综合效能、洁净室的基本概念、环境参数、检测方法、系统调试结果判定等内容。

第一节 综合效能

一、基本概念

空气调节是使室内空气温度、相对湿度、噪声、压力、洁净度等参数保持在一定范围内的技术。

根据服务对象的不同，可分为工艺性空调（或称为工业空调）及舒适性空调（或称为民用空调）。所谓工艺性空调就是根据工艺生产的不同要求而确定空气诸参数的空调；而舒适性空调则是根据不同用途（如电影院、剧场、商店、体育馆、旅馆等）而确定能满足人们舒适要求的空气诸参数的空调。

1. 室内计算参数包括：

(1)室内温湿度基数及其允许波动范围；

(2)室内空气的流速、洁净度、噪声、压力以及振动等。

2. 民用建筑室内空调参数：规范对舒适性空调（即民用空调）的室内参数曾作了总的规定：

(1)冬季

温度 应采用18～22℃

相对湿度 应采用40%～60%

风速 不应大于0.2 m/s

注：使用条件无特殊要求时，室内相对湿度可不受限制。

(2)夏季

温度 应采用24～28℃

相对湿度 应采用40%～65%

风速 不应大于0.3 m/s

3. h—d图是表示一定大气压力B(hPa)下，湿空气的各参数，即焓h（kJ/kg干空气）、含湿量d(g/kg干空气）、温度t(℃）、相对湿度ϕ(%）和水蒸气分压力P_s(hPa)的值及其相互关系的图。

4. 室内冷负荷和湿负荷是决定空调系统风量、空调装置容量等的依据。负荷量的大小与建筑布置和围护结构的热工性能有很大关系。在设计时，首先要使建筑布置和围护结构的热工性能合理。

(1)需要供冷量消除的室内负荷，一般称冷负荷。冷负荷是由空调房间的下列得热量经房间蓄热后转化而成：

①透过外窗的日射得热量；

②通过围护结构（窗、墙、楼板、屋盖、地板等）传入室内的热量；

③渗透空气带入室内的热量；

④设备、器具、管道其他室内热源散入室内的热量；

⑤人体散热量；

⑥照明散热量；

⑦热物料和食品等的散热量；

⑧各种散湿的潜热散热量。

(2)需要消除的室内产湿量称为湿负荷。湿负荷由下列各项散湿量组成：

①渗透空气带入室内的湿量；

②人体散湿量；

③设备、器具的散湿量；

④各种潮湿表面、液面的散湿量；

⑤物料和食品的散湿量。

(3)上面仅介绍室内负荷计算，当计算系统负荷时，还要计算下列负荷：

①风机、风管的温升；

②新风的冷负荷和湿负荷；

③冷水泵、冷水管和冷水箱等温升的附加冷负荷；

④其他冷损失（例如混合损失）。

5. 空调系统的分类方法并不完全统一，一般有下列几种分法：

(1)按空气处理设备的设置情况分

①集中式系统 空气处理设备（过滤、冷却、加热、加湿设备和风机等）集中设置在空调机房内，空气处理后，由风管送入各房间的系统。也有除集中处理外，分房间另设有室温调节加热器或过滤器的系统称为集中式系统。采用整体式空调机组并放在空调机房内的系统，一般不称为集中式系统。

集中式系统按送风量是否变化分：

a. 定风量系统 风量不随室内热湿负荷变化而变化，送入各房间的风量保持一定的系统。

b. 变风量系统 风量随室内热湿负荷变化而变化，当热湿负荷大时，送入较多风量，热湿负荷小时，送入较少风量。

集中式系统按送入每个房间的送风管的数目分：

a. 单风管系统 仅有一个送风管，夏季送冷风，冬季送热风；

b. 双风管系统 空气经处理后分别用两个风管送出，其中一个为风温比较高的热风管，另一个为风温比较低的冷风管，两个风管接入混合装置，经混合后送入房间。当负荷变化时，调整二者的风量比。

②分散式系统（也称局部系统）将整体组装的空调器（带冷冻机的空调机组、热泵机组、不设集中新风系统的风机盘管机组等）直接放在空调房间内或放在空调房间附近，每个机组只供一个或几个小房间的，或者一个房间内放几个机组的系统。

③半集中式系统 集中处理部分或全部风量，然后送往各房间（或各区），在各房间（或各区）再进行处理的系统。包括集中处理新风，经诱导器（全空气或另加冷热盘管）送入室内或各室有风机盘管的系统（风机盘管与风道并用的系统），也包括分区机组系统等。

（2）按处理空调负荷的输送介质分

①全空气系统 房间的全部负荷均由集中处理后的空气负担。属于全空气系统的有：定风量或变风量的单风管或双风管集中式系统（再热系统除外）、全空气诱导系统等。

②空气—水系统 空气调节房间的负荷由集中处理的空气负担一部分，其他负荷由水作为介质在送入空调房间时对空气进行再处理（加热、冷却等）的系统。属于空气—水系统的有：再热系统（另设有室温调节加热器的系统）、带盘管的诱导系统、风机盘管机组和风道并用的系统等。

③全水系统 房间负荷全部由集中供应的冷、热水负担。如风机盘管系统、辐射板系统等。

④直接蒸发机组系统 室内负荷由制冷和空调机组组合在一起的小型设备负担。直接蒸发机组按冷凝器冷却方式不同可分为风冷式、水冷式等；按安装组合情况可分：窗式（安装在窗或墙上）、立柜式（制冷和空调设备组装在同一立柜式箱体内）和分体式（一般压缩机和冷凝器为室外机组，蒸发器为室内机组）等。

（3）按送风管风速分

①低速系统 一般指主风管风速低于 15 m/s 的系统；对于公用和民用建筑主风管风速一般不超过 10 m/s。

②高速系统 一般指主风管风速高于 15 m/s 的系统；对于公用和民用建筑主风管风速大于 12 m/s 的也称为高速系统。

对于风机盘管、诱导器系统等的供、回水管，也可分为二管式、三管式和四管式等。

二、检测依据

包括规范、图纸、设计文件和设备的技术资料等，分以下二类：

1. 设计类

（1）《采暖通风与空气调节设计规范》（GB 50019—2003）；

（2）空气调节设计手册；

（3）实用供热空调设计手册；

（4）民用建筑空调设计技术措施。

2. 施工安装类

（1）《通风与空调工程施工质量验收规范》（GB 50243—2002）；

（2）《采暖通风与空气调节术语标准》（GB 50155—92）；

（3）《通风与空调施工工艺标准手册》。

三、检测前的系统校核

1. 新风入口

（1）新风进口位置

①应设在室外较洁净的地点，进风口处室外空气有害物的含量不应大于室内作业地点最高容许浓度的 30%；

②布置时要使排风口和进风口尽量远离。进风口应尽量放在排风口的上风侧（指进、排风同时使用季节的主要风向的上风侧），且进风口应低于排出有害物的排风口；

③为了避免吸入室外地面灰尘，进风口的底部距室外地坪不宜低于 2m；布置在绿化地带时，也不宜低于 1m；

④为使夏季吸入的室外空气温度低一些,进风口宜设在建筑物的背阴处,宜设在北墙上,避免设在屋顶和西墙上。

(2)新风口的其他要求

①进风口应设百叶窗以防雨水进入,百叶窗应采用固定百叶窗,在多雨的地区,宜采用防水百叶窗;

②为了防止鸟进入,百叶窗内宜设置金属网;

③过渡季使用大量新风的集中式系统,宜设两个新风口,其中一个为最小新风口,其面积按最小新风量计算;另一个为风量可变的新风口,其面积按系统最大新风量减去最小新风量计算(其风速可以取得大一些)。

2. 空调水循环泵宜按下列原则选用

① 两管制空调水系统,宜分别设置冷水和热水循环泵。当冷水循环泵兼作冬季的热水循环泵使用时,冬夏季水泵运行的台数及单台水泵的流量、扬程应与系统工况相吻合;

② 一次泵系统的冷水泵,以及二次泵系统中一次冷水泵的台数和流量,应与冷水机组的台数及蒸发器的额定流量相对应;

③ 二次泵系统的二次冷水泵台数应按系统的分区,以及每个分区的流量调节方式确定,每个分区不宜少于 2 台;水泵总流量应不小于该分区设计负荷所需总流量;

④空调热水泵应根据供热系统规模和运行调节方式确定,不应少于 2 台;严寒及寒冷地区,当热水泵不超过 3 台时,其中一台宜设置为备用泵。

除采用多台水冷柜式空调器,冷却水循环泵可以合用外,冷却水泵台数和流量应与制冷机相对应;冷却水泵的扬程应能克服系统阻力,满足系统扬水高差和冷却塔布水器所需压力。

多台冷水机组和一次冷水泵之间并联接管时,每台冷水机组与水泵的连接管道上应设自控阀,自控阀应与冷水机组联锁。

当多台开式冷却塔并联运行,且不设集水箱时,应使各台冷却塔和水泵之间管段的压力损失大致相同,在冷却塔之间宜设平衡管,或各台冷却塔底部设置公用连通水槽;不同规格型号的冷却塔不宜并联运行。

多台制冷机和冷却水泵之间并联接管时,每台制冷机和水泵的连接管道上应设电动阀,电动阀应与制冷机联锁。

采用旋转式布水器的冷却塔,且多台并联时,应在每台冷却塔进水管上设置自控阀,当无集水箱或连通管、连通水槽时,每台冷却塔的出水管上也应设置自控阀,自控阀应与冷却水泵联锁。

开式系统冷却水补水量应按系统的蒸发损失、飘逸损失、排污损失、泄漏损失之和计算。不设集水箱的系统,应在冷却塔底盘处补水;设置集水箱的系统,应在集水箱处补水。

间歇运行的开式冷却水系统,冷却塔底盘或集水箱的有效存水容积,应大于湿润冷却塔填料等部件所需水量,以及停泵时靠重力流入的管道等的水容量。

3. 系统调试

系统调试所使用的测试仪器和仪表,性能应稳定可靠,其精度等级及最小分度值应能满足测定的要求,并应符合国家有关计量法规及检定规程的规定。

通风与空调工程的系统调试,应由施工单位负责、监理单位监督,设计单位与建设单位参与和配合。系统调试的实施可以是施工企业本身或委托给具有调试能力的其他单位。

通风与空调工程系统无生产负荷的联合试运转及调试,应在制冷设备和通风与空调设备单机试运转合格后进行。空调系统带冷(热)源的正常联合试运转不应少于 8h,当竣工季节与设计条件相差较大时,仅作不带冷(热)源试运转。通风、除尘系统的连续试运转不应少于 2h。

(1)通风与空调工程安装完毕,必须进行系统的测定和调整(简称调试)。系统调试应包括下列项目：

①设备单机试运转及调试；

②系统无生产负荷下的联合试运转及调试。

(2)设备单机试运转及调试应符合下列规定：

①通风机、空调机组中的风机，叶轮旋转方向正确、运转平稳、无异常振动与声响，其电机运行功率应符合设备技术文件的规定。在额定转速下连续运转2h后，滑动轴承外壳最高温度不得超过70℃；滚动轴承不得超过80℃；

②水泵叶轮旋转方向正确，无异常振动和声响，紧固连接部位无松动，其电机运行功率值符合设备技术文件的规定。水泵连续运转2h后，滑动轴承外壳最高温度不得超过70℃；滚动轴承不得超过75℃；

③冷却塔本体应稳固、无异常振动，其噪声应符合设备技术文件的规定。冷却塔风机与冷却水系统循环试运行不少于2h，运行应无异常情况；

④制冷机组、单元式空调机组的试运转，应符合设备技术文件和现行国家标准《制冷设备、空气分离设备安装工程施工及验收规范》(GB 50274—1998)的有关规定，正常运转不应少于8h；

⑤电控防火、防排烟风阀(口)的手动、电动操作应灵活、可靠，信号输出正确。

(3)生产负荷的联合试运转及调试应符合下列规定：

①系统总风量调试结果与设计风量的偏差不应大于10%；

②空调冷热水、冷却水总流量测试结果与设计流量的偏差不应大于10%；

③舒适空调的温度、相对湿度应符合设计的要求。恒温、恒湿房间室内空气温度、相对湿度及波动范围应符合设计规定。

(4)防排烟系统联合试运行与调试的结果(风量及正压)，必须符合设计与消防的规定。

设备单机试运转及调试应符合下列规定：

①水泵运行时不应有异常振动和声响、壳体密封处不得渗漏、紧固连接部位不应松动、轴封的温升应正常；在无特殊要求的情况下，普通填料泄漏量不应大于60mL/h，机械密封的不应大于5mL/h；

②风机、空调机组、风冷热泵等设备运行时，产生的噪声不宜超过产品性能说明书的规定值；

③风机盘管机组的三速、温控开关的动作应正确，并与机组运行状态一一对应。

(5)通风工程系统无生产负荷联动试运转及调试应符合下列规定：

①系统联动试运转中，设备及主要部件的联动必须符合设计要求，动作协调、正确，无异常现象；

②系统经过平衡调整，各风口或吸风罩的风量与设计风量的允许偏差不应大于15%。

(6)空调工程系统无生产负荷联动试运转及调试还应符合下列规定：

①空调工程水系统应冲洗干净、不含杂物，并排除管道系统中的空气；系统连续运行应达到正常、平稳；水泵的压力和水泵电机的电流不应出现大幅波动。系统平衡调整后，各空调机组的水流量应符合设计要求，允许偏差为20%；

②各种自动计量检测元件和执行机构的工作应正常，满足建筑设备自动化(BA、FA等)系统对被测定参数进行检测和控制的要求；

③多台冷却塔并联运行时，各冷却塔的进、出水量应达到均衡一致；

④空调室内噪声应符合设计规定要求；

⑤有压差要求的房间、厅堂与其他相邻房间之间的压差，舒适性空调正压为0～25Pa；工艺性的空调应符合设计的规定；

⑥有环境噪声要求的场所，制冷、空调机组应按现行国家标准《采暖通风与空气调节设备噪声

声功率级的测定——工程法》(GB 9068—1988)的规定进行测定。洁净室内的噪声应符合设计的规定。

通风与空调工程的控制和监测设备,应能与系统的检测元件和执行机构正常沟通,系统的状态参数应能正确显示,设备联锁、自动调节、自动保护应能正确动作。

综合效能的测定与调整

通风与空调工程交工前,应进行系统生产负荷的综合效能试验的测定与调整。

通风与空调工程带生产负荷的综合效能试验与调整,应在已具备生产试运行的条件下进行,由建设单位负责,设计、施工单位配合。

通风、空调系统带生产负荷的综合效能试验测定与调整的项目,应由建设单位根据工程性质、工艺和设计的要求进行确定。

(7) 空调系统综合效能试验可包括下列项目:

①送回风口空气状态参数的测定与调整;

②空气调节机组性能参数的测定与调整;

③室内噪声的测定;

④室内空气温度和相对湿度的测定与调整;

⑤对气流有特殊要求的空调区域作气流速度的测定。

(8)恒温恒湿空调系统除应包括空调系统综合效能试验项目外,尚可增加下列项目:

①室内静压的测定和调整;

②空调机组各功能段性能的测定和调整;

③室内温度、相对湿度场的测定和调整;

④室内气流组织的测定。

四、检测方法及结果判定

1. 室内静压差测试

(1)仪器设备及环境

测量仪器:电子微压计,量程为0~1000Pa,精度0.1Pa。

环境温度:常温或设计温度下。

(2)抽样

对有设计要求的各个相邻区域实施检测。通风与空调系统总量小于10个,可酌情抽检20%~25%;系统总数在20~30个,抽检15%~20%;系统总数超过30个,抽检10%~15%。洁净空调系统应全数检测。

(3)技术要求

对于普通通风空调系统:应符合设计及规范要求。如设计和规范无明确要求时,应保证空调区域压力高于非空调区压力。

(4)操作过程及判定

① 先关闭所有门窗,确保整体结构处于封闭状态,通风空调系统正常运转30min;

② 调整压力计,使其处于正常工作状态。将压力计的皮管通过门缝隙放入室内。由高压向低压,由平面布置上与外界最远的里间房间开始,依次向外测定;

③ 测量房间与外界之间的压差,当压差有小范围波动时应取所读压力的平均值。当压差波动范围较大时不得计取压力值,此时应检查系统或房间,排除波动原因后再行测试。记录所测得的压差数据,所测量记录的数据应精确到0.1Pa。每一测点一般平均测量三次,取平均值。

将平均值与设计值进行比较,不小于设计值为合格,反之为不合格。

(5)操作注意事项

压差测管口设在室内没有气流影响的任何地方均可,测管口面须与气流流线平行,同时注意保持测管通畅。

在平面上应按设计压差由高到低的顺序依次进行,一直检测到直通室外的房间。静压差的测定应在所有的门关闭的条件下,从高压向低压,由平面布置上与外界距离最远的里间房开始,依次向外测定。

2. 风口风量测试

(1)仪器设备及环境

测量风速的常用仪器有:热式风速计、智能型热式风速仪、热敏式风速计、叶轮式风速计、数字手持式风速温湿度仪(三合一)、风量罩、TSI套帽式风量计等。

风量罩—利用热线风速计来测量气体流量,它结构轻巧,能够数字显示和存储读数,可拆卸的数字表,配以相应的探头即可测量风速\温度和湿度,独特的手柄设计使您可单手操作仪器,非常方便。

风量罩能迅速而准确地测量风口平均通风量,无论是安装于顶棚上、墙壁上或地面上的送、回、排风口。风量罩测量的数据为液晶显示屏数字直读式,同时可以测量气流温度、相对湿度、风速和压力。环境温度为常温。

(2)抽样

对于抽检系统各个风口都应单独测量、计算。通风与空调系统总量小于10个,可酌情抽检20%～25%;系统总数在20～30个时,抽检15%～20%;系统总数超过30个时,抽检10%～15%。

(3)技术要求

系统总风量与设计风量的偏差不大于10%,风口风量的测量结果与设计值之间的偏差不应大于15%。

(4)操作过程及判定

风口风量采用风口风罩法或风口风速法进行检测。对散流器式风口,宜采用风口风罩法测量,对格栅风口或条缝形风口,宜采用风口风速法测量。确认通风空调系统正常运行后,再打开风口风量罩,确认其工作正常。然后将风口风量罩的罩口紧贴顶棚面,将风口整体完全包容。读取风口风量罩的显示数值,当数值有小范围波动时取平均值。当读数波动范围较大时不得计取数值,并应重新检查空调系统,排除干扰因素,再进行测试。采用风口风速法测量,用风速仪在风口测得多点风速取平均风速,量取风口吸效送风面积,再经过计算得出实际风量,风速至少应进行三次测量,取其平均值。记录所测得的压差数据。计量单位精确到1m^3/h。

测试结果与设计值进行比较,符合技术要求即为合格,反之就是不合格。

3. 风管法测量风量

(1)测量设备

热球式风速仪、毕托管和微压计等。热球式风速仪的量程宜采用0.05～30m/s,分辨率0.1 m/s。

(2)抽样

对于风口上风侧有较长的支管段,且已经或可以钻孔时,可用风管法测定风量。测定截面位置和测定截面内测点数:测定截面的位置原则上选择在气流比较均匀稳定的地方;距局部阻力部件的距离:在局部阻力部件前不少于3倍风管管径或长边长度,在局部阻力部件后不少于5倍管径或长边长度。

(3)技术要求

系统总风量与设计风量的偏差不大于10%,风口风量的测量结果与设计值之间的偏差不大于

15%。

(4)操作过程及判定

风量检测前,必须检查风机运行是否正常,系统各部件安装是否正确,有无障碍,所有阀门应固定在一定的开启位置上,并应实测风管、风口的尺寸是否符合设计要求,测量截面应选择在气流较均匀的直管段上,并距局部阻力管件管径上游4倍以上,下游1.5倍以上的位置。对于矩形风管,将测定截面分成若干个相等的小截面,尽可能接近正方形,边长最好不大于200mm,其截面积不大于0.05m²,测点在各小截面中心处,但整个截面点数不宜小于3个,测点布置见图1-1。

对于圆形风管截面,应按等面积圆环法划分测定截面和确定测点数;即根据管径大小将圆管截面分成若干个面积相等的同心圆环,每个圆环上有4个测点,4个测点必须在相互垂直的2个直径上,圆环的中心设1个测点,测点的布置见图1-2。

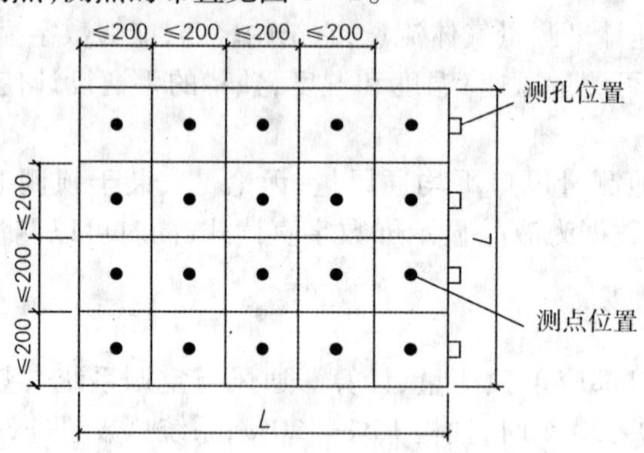

图1-1 矩形截面测点布置图

圆环划分数按表1-1确定。

圆形风管分环表 表1-1

风管直径	<200	200~400	400~700	>700
圆环个数	3	4	5	>6

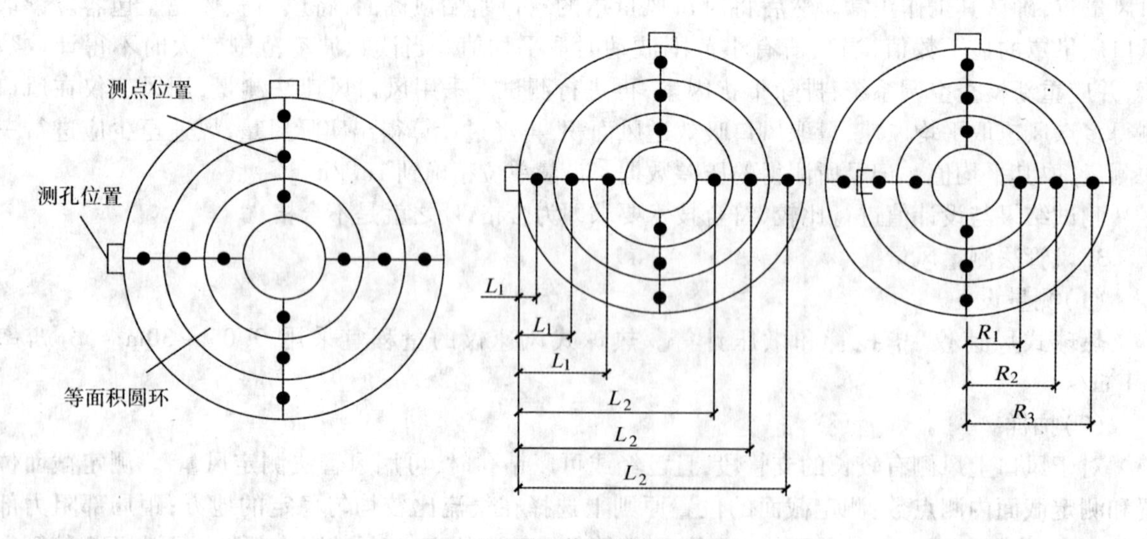

图1-2 圆形截面测点布置图

各测点距风管中心的距离 R_m 按下式(1-1)计算

$$R_m = \frac{D}{4} \times \sqrt{\frac{2m-1}{2n}} \quad (1-1)$$

式中 R_m——从圆风管中心到第 m 个测点的距离(mm);

D——风管直径(mm);

m——圆环的序数(由中心算起);

n——圆环的总数。

各测点距测孔(即风管壁)的距离 L_1、L_2(图 1-2)按下式(1-2)计算。

$$L_1=\frac{D}{2}-R_m \tag{1-2}$$

$$L_2=\frac{D}{2}+R_m$$

其中 L_1——由风管内壁到某一圆环上最近的测点之距离;

L_2——由风管内壁到某一圆环上最近的测点之距离。

风管内送风量的测定,送风量按式(1-3)计算

$$Q=v\times F \tag{1-3}$$

式中 Q——风管内送风量(m^3/h);

F——风管的测定截面面积(m^2);

v——风管截面平均风速(m/s)。

风速可以通过热球风速仪直接测量,然后取平均值;也可以利用毕托管和微压计测量风管上的平均动压,通过计算求出平均风速。当风管的风速超过 2m/s 时,用动压法测量比较准确。

平均动压和平均风速的确定:

算术平均法

平均动压按均方根值法计算

平均风速

$$(\rho\times v^2)/2=(H_{d_1}+H_{d_2}\cdots H_{d_n})/n \tag{1-4}$$

式中 H_{d_1}、$H_{d_2}\cdots H_{d_n}$——测定各点的动压值(Pa);

ρ——空气密度(kg/m^3);

v——平均风速(m/s)。

各点测定值读数应在 2 次以上取平均值,各点动压值相差较大时,用均方根法比较准确。

测试结果与设计值进行比较,符合技术要求即为合格,反之就是不合格。

(5)操作注意事项

①所有检测所用仪器、仪表的性能应稳定可靠,其精度等级及最小分度值应能满足测定的要求,并符合国家有关计量法规及检定规程的规定。

②所有系统的检测均应在系统调试完成,并达到设计要求。

③所有系统检测时,不应损坏风管保温层,检测完毕后,应将各测点截面处的保温层修复好,测孔应堵好,调节阀门固定好,不得随便改动。

4. 室内温、湿度测试

(1)仪器设备

数字式温湿度计。

(2)抽样

测点数量的确定:详见表 1-2。

取样点数的要求　表1-2

设计波动范围	测点数量
温度(Δt) < ±0.5℃	测点间距为0.5~2m,每个房间测点不应少于20个 测点距墙大于0.5m
相对湿度(ΔR_H) < ±5%	
Δt = ±0.5℃~≤±2℃	面积≤50m²,测5点;>50m²时,每增加20~50m²,增加3~5点
ΔR_H < ±5%~≤±10%	
Δt≥±2℃	面积≤50m²,测1点;>50m²时,每增加50m²,增加1点
ΔR_H≥±10%	

(3)技术要求

温、湿度指标应符合设计要求,设计无要求时,参考相关规范要求。对有工艺或特殊要求的,应符合相关要求。

(4)操作过程及判定

室内温、湿度测点布置:对于舒适性空调房间,面积≤50m²,测1点;>50m²时,每增加50m²,增加1点。测点一般应离开外墙表面和热源不小于0.5m,离地面0.8~1.6m。

恒温恒湿空调房间测点布置在工作区高度以下,距墙内表面0.5~0.7m,离地面0.3m,划分若干横向和竖向测量断面,形成交叉网格,每一交点为测点;一般测点水平间距为1~3m,竖向间距为0.5~1.0m,根据精度要求决定疏密程度;测点数应不少于5个;在对温、湿度波动敏感的局部区域,可适当增加测点数。

测试时应手持温(湿)度计,或设立移动支架将温(湿)度计置于支架上,并确认温(湿)度计处于正常工作状态,还应避免发热(湿)源对感温(湿)度元件的直接影响。

在进行一般瞬间测试时,在1min内读取数字式温(湿)度计的读数。需要进行连续测试时,根据温湿度波动范围要求,检测宜连续进行8~48h,每次读数间隔不大于30min。

记录所测得的温(湿)度数据,根据设计和规范要求确定计量精度,如无明确要求,温度应精确到0.1℃,湿度应精确到1%。

室温波动范围按各测点的各次记录温度数据中,偏差控制温度的最大值整理成累计统计曲线,若90%以上测点偏差值在室温控制范围内,为符合设计要求,反之为不合格。相对湿度波动范围可按湿度波动范围的规定进行。

(5)操作注意事项

①多点测定每次时间间隔不应大于30min;

②湿度检测不宜布点在腐蚀性气体(如二氧化碳、氨气、酸、碱蒸气)浓度高的环境;

③当温(湿)度有小范围波动时应取所读数的平均值。当温(湿)度波动范围较大时不得计取数值,此时应检查系统或房间,排除波动原因后再行测试;

④室内平均温度检测应在建筑物达到稳定后进行。受建筑物或系统热惯性影响的参数测定,延续时间不得小于1h,参数测定时间间隔不得大于15min;

⑤对没有恒温要求的房间,温度仪测房间中心1个点即可;

⑥测定前,空调系统应连续运行24h以上,或确保处于正常运行状态;

⑦对有温湿度波动要求的区域,测点应放在送、回风口处或具有代表性的地点。

5.噪声测试

(1)仪器设备及环境

噪声测量常用的仪器:有声级计、频谱分析仪、声级记录仪与磁带记录仪等。根据不同的测量目的与要求,可选择不同的测量仪器和不同的测量方法。精度等级不低于2级。环境温度:常温。

(2)抽样

空调工作区内噪声检测采用全检方法,噪声场必须符合设计要求。

(3)技术要求

噪声指标应符合设计要求,设计无要求时,应符合国家现行标准规定:《工业企业噪声控制设计规范》(GBJ 87—1985)、《民用建筑隔声设计规范》(GBJ 118—1988)、《声环境质量标准》(GB 3096—2008)和《工业企业厂界噪声标准》(GB 12348—2008)等的要求。

(4)操作过程及判定

根据噪声设计允许值,选择所用测试仪器,允许值一般达到测量仪表满刻度的2/3以上。确认空调系统处于正常工作状态,需要测试噪声的对象处于正常工作状态。打开声级计,根据噪声的大小调到相应的范围挡位。如无特殊要求,等效连续声级调到A声级。确认仪器处于正常工作状态。

噪声检测宜在外界干扰较小的晚间进行,以A声级为准。不足$50m^2$的房间在室中心,每超过$50m^2$的增加1个点。测点离地面1.2m,距离操作者0.5m左右,距墙面和其他主要反射面不小于1m。关闭空调系统和测试对象(如果有的话),保持室内安静不发声,将声级计在室中心1.2m高处测一点,测量并记录此时的背景的平均值。

对于机组噪声的测试,安装在地面的机组,测点位置为水平距离1m,进(出)风口上方高度1m,交叉点作为测点;吊顶内的机组,测点位置为水平距离1m,出风口下方高度1m,交叉点作为测点。打开空调系统和测试对象,保持室内安静不发声,将声级计在各取样点测量并记录此时的噪声的平均值,各个测点宜平均测试三次以上。

测量时声级计或传声器可以手持,也可以固定在三角架上,使传声器指向被测声源。测试所得室内噪声减去背景噪声后,即为空调系统噪声(室内噪声与背景噪声相差6~9dB时,从测量值中减去1dB;当测量值二者相差4~5dB时,从测量值中减去2dB;当测量值二者相差3dB时,从测量值中减去3dB)。

将所测噪声与设计要求或国家标准相比较。在设计值范围内即为合格,反之就是不合格。

6. 漏光法检测与漏风量测试

(1)漏光法检测

漏光法检测是利用光线对小孔的强穿透力,对系统风管严密程度进行检测的方法。

检测应采用具有一定强度的安全光源。手持移动光源可采用不低于100W带保护罩的低压照明灯,或其他低压光源。

系统风管漏光检测时,光源可置于风管内侧或外侧,但其相对侧应为暗黑环境。检测光源应沿着被检测接口部位与接缝作缓慢移动,在另一侧进行观察,当发现有光线射出,则说明查到明显漏风处,并应做好记录。

对系统风管的检测,宜采用分段检测、汇总分析的方法。在严格安装质量管理的基础上,系统风管的检测以总管和干管为主。当采用漏光法检测系统的严密性时,低压系统风管以每10m接缝,漏光点不大于2处,且100m接缝平均不大于16处为合格;中压系统风管每10m接缝,漏光点不大于1处,且100m接缝平均不大于8处为合格。

漏光检测中对发现的条缝形漏光,应作密封处理。

(2)漏风量测试

漏风量测试应采用经检验合格的专用测量仪器,或采用符合现行国家标准《流量测量节流装置》规定的计量元件搭设的测量装置。

漏风量测试装置可采用风管式或风室式。风管式测试装置采用孔板做计量元件;风室式测试装置采用喷嘴做计量元件。

漏风量测试装置的风机，其风压和风量应选择分别大于被测定系统或设备的规定试验压力及最大允许漏风量的1.2倍。

漏风量测试装置试验压力的调节，可采用调整风机转速的方法，也可采用控制节流装置开度的方法。漏风量值必须在系统经调整后，保持稳压的条件下测得。

漏风量测试装置的压差测定应采用微压计，其最小读数分格不应大于2.0Pa。

正压或负压系统风管与设备的漏风量测试，分正压试验和负压试验两类。一般可采用正压条件下的测试来检验。

系统漏风量测试可以整体或分段进行。测试时，被测系统的所有开口均应封闭，不应漏风。

被测系统的漏风量超过设计和本规范的规定时，应查出漏风部位（可用听、摸、观察、水或烟检漏），做好标记；修补完工后，重新测试，直至合格。

漏风量测定值一般应为规定测试压力下的实测数值。特殊条件下，也可用相近或大于规定压力下的测试代替。

7. 水流量检验

(1)检测仪器

采用便携式超声波流量计。

(2)抽样方法

空调设备冷水、热水、冷却水流量采用100%抽检；空调机组的水流量按10%抽检，但不得少于3台，如果该工程空调系统风柜总数少于3台时，必须全部抽检。

(3)测点布置

检测断面的管道必须处在稳流段，传感器的安装位置必须离干扰源足够远以消除干扰；要得到准确的结果，传感器最少离上游的干扰源20倍的管道直径远，离下游的干扰源10倍的管道直径远。

(4)数据记录

水流量示值记录到小数点后一位有效数字。

(5)数据处理

空调设备冷水、热水、冷却水流量测试结果与设计流量的偏差不应大于10%；空调工程水系统平衡调整后，各空调机组的水流量应符合设计要求，允许偏差为20%。

五、实例

例：图1-3所示为有三个圆环的测定截面，试确定各测点至测孔的距离。

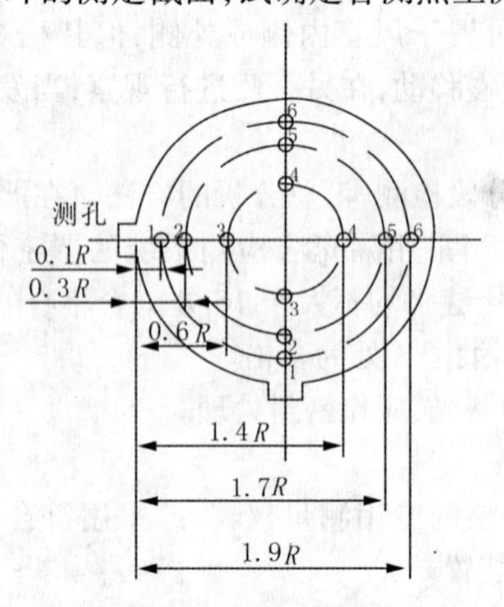

图1-3 圆形截面测点

[解]按下式，当 $m=3$ 时，各测点至风管中心的距离如下

$$R_n = R\sqrt{\frac{2n-1}{2m}}$$

$N=1, R_1 = R\sqrt{\frac{2\times1-1}{2\times3}} = 0.408R$；

$N=2, R_2 = R\sqrt{\frac{2\times2-1}{2\times3}} = 0.707R$；

$N=3, R_3 = R\sqrt{\frac{2\times3-1}{2\times3}} = 0.914R$。

显然，各测点距测孔的距离（图1-3）为：

$L_1 = R-0.914R \approx 0.1R$；$L_2 = R-0.707R \approx 0.3R$；

$L_3 = R-0.408R \approx 0.6R$；$L_4 = R+0.408R \approx 1.4R$；

$L_5 = R+0.707R \approx 1.7R$；$L_6 = R+0.914R \approx 1.9R$。

为了简化计算，现将圆风管测定截面内各圆环上的测点至测孔的距离列于表1-3，供选用。

圆环上的测点到测孔的距离表　　**表1-3**

距离 / 测点 \ 圆环数	3	4	5	6
1	0.1R	0.1R	0.05R	0.05R
2	0.3R	0.2R	0.2R	0.15R
3	0.6R	0.4R	0.3R	0.25R
4	1.4R	0.7R	0.5R	0.35R
5	1.7R	1.3R	0.7R	0.5R
6	1.9R	1.6R	1.3R	0.7R
7		1.8R	1.5R	1.3R
8		1.9R	1.7R	1.5R
9			1.8R	1.65R
10			1.95R	1.75R
11				1.85R
12				1.95R

如果测定截面上气流比较稳定，也可将皮托管从测孔开始向风管中间等距离地推进，所测的数据也比较可靠。

六、常用的空调术语

1. 风管

采用金属、非金属薄板或其他材料制作而成，用于空气流通的管道。

2. 风道

采用混凝土、砖等建筑材料砌筑而成，用于空气流通的通道。

3. 通风工程

送风、排风、除尘、气力输送以及防、排烟系统工程的统称。

4. 空调工程

空气调节、空气净化与洁净室空调系统的总称。

5. 风管配件

风管系统中的弯管、三通、四通、各类变径及异形管、导流叶片和法兰等。

6. 风管部件

通风、空调风管系统中的各类风口、阀门、排气罩、风帽、检查门和测定孔等。

7. 咬口

金属薄板边缘弯曲成一定形状,用于相互固定连接的构造。

8. 漏风量

风管系统中,在某一静压下通过风管本体结构及其接口,单位时间内泄出或渗入的空气体积量。

9. 系统风管允许漏风量

按风管系统类别所规定平均单位面积、单位时间内的最大允许漏风量。

10. 漏风率

空调设备、除尘器等,在工作压力下空气渗入或泄漏量与其额定风量的比值。

11. 漏光检测

用强光源对风管的咬口、接缝、法兰及其他连接处进行透光检查,确定孔洞、缝隙等渗漏部位及数量的方法。

12. 整体式制冷设备

制冷机、冷凝器、蒸发器及系统辅助部件组装在同一机座上,而构成整体形式的制冷设备。

13. 组装式制冷设备

制冷机、冷凝器、蒸发器及辅助设备采用部分集中、部分分开安装形式的制冷设备。

14. 风管系统的工作压力

指系统风管总风管处设计的最大的工作压力。

15. 角件

用于金属薄钢板法兰风管四角连接的直角形专用构件。

16. 非金属材料风管

采用硬聚氯乙烯、有机玻璃钢、无机玻璃钢等非金属无机材料制成的风管。

17. 复合材料风管

采用不燃材料面层复合绝热材料板制成的风管。

18. 防火风管

采用不燃、耐火材料制成,能满足一定耐火极限的风管。

19. 空调区域

空调车间(空调房间)内部离墙、离地面、离顶棚一定距离以内的空调有效区域称空调区域。空调区域的范围由送风方式、气流组织、室内热源、设备的高低及工艺要求等因素确定。通常说的空调区域是指离外墙 0.5m,离地面 0.3m 至高于精密设备 0.3 ~0.5m 范围内的空间。

20. 辐射温度

辐射温度计所指示的温度。

21. 机外余压

在额定风量下,机组进出口全压之差。

22. 空气分布特性指标

舒适性空调中用来评价人舒适性的指标之一,定义为活动区满足规定风速和温度要求的测点数占总测点数的百分比。

23. 通风效率

表示通风系统排除室内污染物的迅速程度。当送风污染物浓度为零时,可用排风口处的污染物浓度与室内活动区污染物平均浓度的比值来表示。

24. 机组制冷性能系数

指额定工况下制冷机组的制冷量与输入能量之比。

25. 机组制热性能系数

指额定工况下制热量与其输入能量之比。

26. 室内静压差

室内相对室外的压力差，以满足空调或工艺要求。

27. 风口

用于通风空调系统末端空气集中或扩散的装置。

28. 风口风管法

是指在风口处，采用辅助风管或风口风量罩对通过风口的风量大小进行测量的方法。

29. 噪声

噪声是指单位面积上声压的大小，或者是指单位面积上、单位时间内通过声能量的多少。

30. 温度

温度是表征物体冷、热程度的物理量。温度只能通过物体随温度变化的某些特性来间接测量，而用来量度物体温度数值的标尺叫温标。它规定了温度的读数起点（零点）和测量温度的基本单位。

31. 空气湿度

表示空气中水汽多寡亦即干湿程度的物理量。湿度的大小常用水汽压、绝对湿度、相对湿度和露点温度等表示。相对湿度是空气中实际水汽含量（绝对湿度）与同温度下的饱和湿度（最大可能水汽含量）的百分比值。它只是一个相对数字，并不表示空气中湿度的绝对大小。

第二节　洁净室测试

一、概述

1. 洁净室相关概念

洁净室是空气悬浮粒子浓度受控的房间。它的建造和使用应减少室内诱入、产生及滞留粒子。室内其他有关参数如温度、湿度、压力等要求进行控制。

洁净区是空气悬浮粒子浓度受控的限定空间，它的建造和使用应减少空间内诱入、产生及滞留粒子。空间内其他有关参数如温度、湿度、压力等要求进行控制。洁净区可以是开放式或封闭式。

空气洁净度是指洁净环境中空气含尘（微粒）量多少的程度，含尘浓度高则洁净度低，含尘浓度低则洁净度高。空气洁净度的具体高低则是用空气洁净度级别来区分的，而这种级别又是用操作时间内空气的计数含尘浓度来表示，也就是把从某一个低的含尘浓度起到不超过另一个高的含尘浓度止，这一个含尘浓度范围为某一个空气洁净度级别。

悬浮粒子是指用于空气洁净度分级的空气中悬浮粒子尺寸范围在 0.1 ~ 5μm 的固体和液体粒子。

2. 洁净室的分类

(1)按洁净度级别划分为：1 级、2 级、3 级、4 级、5 级、6 级、7 级、8 级、9 级。9 级为最低级别。

(2)按气流组织分，洁净室可分为三类。

单向流（层流）洁净室：沿单一方向呈平行流线并且横断面上风速一致的气流。其中与水平面垂直的单向流是垂直单向流,与水平面平行的单向流是水平单向流。

乱流(非单向流)洁净室:凡不符合单向流定义的气流的洁净室。

混合流洁净室:单向流和非单向流组合的气流的洁净室。

(3)按照洁净室所需控制的空气中悬浮微粒的类别,可将洁净室分为工业洁净室和生物洁净室。

工业洁净室:它主要控制参数是温度、湿度、风速、气流组织、洁净度。

生物洁净室:它与工业洁净室一样,所不同的是控制参数中增加了控制室内细菌的浓度。

3. 洁净室的检测状态

(1)空态

设施齐全的洁净室,所有管线接通并运行,但无生产设备、材料及生产人员。

(2)静态

已全部建成的设施齐备的洁净室中,安装完生产设备并按业主供应商商定的方式试运转,但场内无生产人员。

(3)动态

设施处于按规定方式运行的状态,并有规定的人员在场以规定的方式工作。

4. 洁净室与一般通风空调系统的区别

洁净室空调是空调工程中的一种,它不仅对室内空气的温度、湿度、风速有一定要求,而且对空气中的含尘粒数、细菌浓度等均有较高的要求。因此它不仅对通风工程的设计施工有特殊要求,对建筑布局、材料选用、施工工序、建筑做法、水暖电通及工艺本身的设计、施工均有特殊的要求与相应的技术措施,其造价也相应提高。

洁净空调与一般空调的区别:

(1)主要参数控制:一般空调侧重温度、湿度、新鲜空气量的供给,而洁净室空调则侧重控制室内空气的含尘量、风速、换气次数。在温湿度有要求的房间,它们也是主要控制参数。生物洁净室对细菌含量也是主要的控制参数之一。

(2)空气过滤手段:一般空调有的只有粗效一级过滤,要求较高的是粗效中效二级过滤处理。而洁净空调则要求三级过滤,即粗、中、高效三级过滤,或粗、中、亚高效三级过滤,生物洁净室除送风系统有三级过滤外,在排风系统为了消除动物的特殊臭味及避免对环境的污染依据不同情况而设二级高效过滤或滤毒吸附过滤。

(3)室内压力要求:一般空调对室内压力无特殊要求,而洁净空调为了避免外界污染空气的渗入或不同生产车间不同物质的相互影响,对不同洁净区的正压值均有不同的要求。在负压洁净室内尚有负压度的控制要求。

(4)洁净空调系统材料和设备的选择、加工工艺、加工安装环境、设备部件贮存环境,为了避免被外界污染,均有特殊的要求。这也是一般空调系统所没有的。

(5)对气密性的要求:一般空调系统,对系统的气密性,渗气量虽有一定要求;但洁净空调系统的要求要比一般空调系统高得多,其检测手段,各工序的标准均有严格措施及检测要求。

(6)对土建及其他工种的要求:一般空调房间,对建筑布局、热工等有要求,但对选材及气密性要求不是很注重。而洁净空调对建筑质量的评价除一般建筑的外观等要求外,则侧重于防尘、防起尘、防渗漏。在施工工序安排及搭接上要求很严格,以避免返工,产生裂缝造成渗漏。它对其他工种的配合、要求也很严格,主要均集中在防止渗漏,避免外部污染空气渗入洁净室及防止积尘对洁净室的污染。

5. 洁净室的竣工验收

洁净室竣工以后和投产以后都需要进行性能测定和验收,在系统大修或更新时也要进行全面测定。在测定前,对洁净室的概况必须全面了解。主要内容包括:净化空调系统和工艺布置的平、剖面图及系统图;对空气环境条件(洁净度级别,温、湿度,风速等)的要求;空气处理方案;送回风、排风量及气流组织;人、物净化方案;洁净室的使用情况;厂区及其周围污染情况等。

洁净室的竣工验收一般由建设方牵头,施工单位、监理单位、设计单位等各方共同参与,进行工程质量的全面检查、系统调试和检测。洁净室竣工验收应在各项工程经外观检查、单机试运转、系统联合试运转后进行。

洁净室竣工验收的外观检查应符合以下要求:

(1)各种管道、自动灭火装置及净化空调设备(空调器、风机、净化空调机组、高效空气过滤器和空气吹淋室等)的安装应正确、牢固、严密,其偏差应符合有关规定;

(2)高、中效空气过滤器与支承框架的连接及风管与设备的连接处应有可靠密封;

(3)各类调节装置应严密、调节灵活、操作方便;

(4)净化空调箱、静压箱、风管系统及送、回风口无灰尘;

(5)洁净室的内墙面、顶棚表面和地面,应光滑、平整、色泽均匀,不起灰尘,地板无静电现象;

(6)送、回风口及各类末端装置、各类管道、照明和动力线配管以及工艺设备等穿越洁净室时,穿越处的密封处理应严密可靠;

(7)洁净室内各类配电盘、柜和进入洁净室的电气管线、管口应密封可靠。

(8)各种刷涂、保温工作应符合有关规定。

竣工验收的调试工作:

(1)凡有试运转要求的设备单机试运转,应符合设备技术文件的有关规定。属于机械设备的共性要求,还应符合国家相关规定和机械设备施工安装方面的有关行业标准。

通常洁净室需进行单机试运转的设备有空调机组、送风增压风机箱、排风设备、净化工作台、静电自净器、洁净干燥箱、洁净储物柜等局部净化设备,以及空气吹淋室、余压阀、真空吸尘清扫设备等。

(2)在单机试运转合格后需对送风系统、回风系统、排风系统的风量、风压调节装置进行设定与调整,使各系统的风量分配达到设计要求。这个阶段检测的目的主要是服务于空调净化系统的调节与平衡,往往需要反复进行多次。此项检测主要由承包商负责,建设方的维护管理人员宜于跟进,以便熟悉系统。在此基础上再进行包括冷、热源在内的系统联合试运转,时间一般不少于8h。要求系统中各项设备部件,包括净化空调系统、自动调节装置等的联动运转与协调,过程中应动作正确无异常现象。

6. 洁净室检测的工艺流程

凡测定中所用的一切仪器设备必须按规定进行鉴定、校正或标定。测定之前必须对系统、洁净室、机房等处进行全面清扫,在清扫和系统调整后,必须连续运行一段时间,然后进行检漏等项目的测定。

洁净室测定的程序大致如表 1-4 所列。

洁净室检测工艺流程 **表 1-4**

项目	日程
1. 风机空吹	├┤
2. 室内清扫	├────────┤
3. 调整风量	├──┤

续表

项目	日程
4. 安中效过滤器	├──┤
5. 安高效过滤器	├──┤
6. 系统运行	├──────────────┤
7. 高效过滤器检漏	├──┤
8 调整风量	├──┤
9. 调整室内静压差	├──┤
10. 调整温湿度	├──┤
11. 单相流洁净室截面平均速度、速度不均匀的测定	├──┤
12. 室内洁净度测定	├──┤
13. 室内浮游菌和沉降菌的测定	├──┤
14. 和生产设备有关的工作和调整	├──────────────┤

二、检测依据

包括规范、图纸、设计文件和设备的技术资料等。分以下两类：

1. 设计类

(1)设计文件、设计变更的证明文件及有关协议、竣工图；

(2)设备的技术资料；

(3)《洁净厂房设计规范》(GB 50073—2001)。

2. 施工安装类

《通风与空调工程施工质量验收规范》(GB 50243—2002)。

三、检测方法及结果判定

1. 风量或风速的测试

(1)仪器设备及环境

测量仪器：叶轮风速仪、热球风速仪、毕托管、微压计、风量罩；

环境温度：常温或设计温度下。

(2)抽样：对有设计要求的区域进行检测。

(3)技术要求

风量风速检测必须首先进行，净化空调各项效果必须是在设计的风量风速条件下获得。

①乱流洁净室

系统的实测风量值应大于各自的设计风量值，但不应超过20%；

实测新风量和设计新风量之差，不应超过设计新风量的±10%；

室内各风口的风量与各自设计风量之差均不应超过设计风量的±15%。

②单向流(层流)洁净室

实测室内平均风速应大于设计风速，但不应超过20%；

总实测新风量和设计新风量之差，不应超过设计新风量的±10%。

(4)操作过程及判定

①乱流洁净室

a.对于不安装过滤器的风口，可按综合效能普通通风空调风口风量测试的方法进行。

b.对于安有过滤器的风口，根据风口形式可选用辅助风管，即用硬质板材做成与风口内截面相同、长度等于2倍风口边长的直管段，连接于过滤器风口外部，在辅助风管出口平面上，按最少测点数不少于6点均匀布置测点，用热球风速仪测定各点风速，以风口截面平均风速乘以风口净截面积确定风量。

c.对于安有同类扩散板的风口，可以根据扩散板的风量阻力曲线和实测扩散板阻力，查出风量，测定时用微压计和毕托管，或用细橡管代替毕托管，但都必须使测孔平面与气流方向垂直，使测值正确反映静压值。

d.用风罩法测量风量

用风量罩测定各风口风速时，其相应的出风风速为：

$$v_s = \frac{Q_s}{A_s} \tag{1-5}$$

式中　v_s——各终端过滤器或送风散流器的平均送风风速(m/s)；

Q_s——各终端过滤器或送风散流器的送风量(m^3/s)；

A_s——送风口出风面积(m^2)。

②单向流(层流)洁净室

单向流洁净室采用室截面平均风速和截面积乘积的方法确定送风量，其中垂直单向流(层流)洁净室的测定截面取距地面0.8m的水平截面；水平单向流(层流)洁净室取距送风面0.5m的垂直截面，截面上测点间距不应大于2m，测点数应不少于10个，均匀布置，仪器用热球风速仪。

③测定风管内风量

a.对于风口上风侧有较长的支管段且已经或可以打孔时，可以用风管法确定风量，测定断面距局部阻力部件距离，在局部阻力部件后不少于5倍管径或5倍大边长度。

b.对于矩形风管，将测定截面分成若干个相等的小截面，每个小截面尽可能接近正方形，边长最好不大于200mm，测点设于小截面中心，但整个截面上的测点数不宜少于3个。

对于圆形风管，应该按等面积圆环法划分测定截面和确定测点数。具体可按综合效能普通通风空调风管法测量风量的方法进行。

2.室内静压差的测试

(1)仪器设备及环境

测量仪器：倾斜微压计、数字微压计等；

环境温度：常温或设计温度下。

(2)抽样：对有设计要求的各个相邻区域实施检测。

(3)技术要求

静压差检测结果应符合下列规定：

①相邻不同级别洁净室之间和洁净室与非洁净室之间的静压差应不小于5Pa；

②洁净室与室外静压差应大于10Pa；

③洁净度高于100级的单向流(层流)洁净室在开门状态下，在出入口处的室内侧0.6m处不应测出超过室内级别上限的浓度。

(4)操作过程及判定

①将所有的门关闭,将测定用胶管(口径最好在5mm以下)从墙壁上的孔洞伸入室内,在离壁面不远处垂直于气流方向设置,周围无阻挡,气流扰动最小;

②静压差的测定应从平面上最里面的房间,通常也就是洁净度级别最高的房间与其紧邻的房间之间的压差测起,依次向外测定,直至测得最靠外的洁净室与周围附属环境之间、与室外环境之间的压差;

③对于洁净度高于5级的单向流(层流)洁净室,还应测定在门开启状态下,离门口0.6m处的室内侧工作面高度的粒子数。

(5)检测时的注意事项

在进行洁净室静压差检测之前,必须先验证在洁净室或洁净设施正常工作时,应该关闭的门全部关闭条件下的送风量与回风量、排风量是否与规定风量相符。若达不到标准的要求,应重新调整新风量、排风量,直至合格为止。

3.空气过滤器的泄漏

(1)仪器设备及环境

测量仪器:尘埃粒子计数器、气溶胶发生器。

环境温度:常温或设计温度下。

(2)抽样

高效过滤器本体在进入现场前,生产厂家应按规定进行性能试验,并提供合格证,在单向流洁净室对安装的高效空气过滤器应该逐台进行检漏,乱流洁净室,对于7级或更低级别的洁净室,只要洁净室达到了所要求的空气洁净度级别,就可以不进行检漏。

(3)技术要求

检漏的结果要符合下列条件:

由受检过滤器下风侧测到的泄漏浓度换算成透过率,对于高效过滤器,应不大于过滤器出厂合格率的2倍,对于超高效过滤器,应不大于出厂合格透过率的3倍。

(4)操作过程及判定

过滤器的检漏是指安装完成的空气过滤器的检漏,适用于空态或静态的洁净室。

对于安装于送、排风末端的高效过滤器,应用扫描法进行过滤安装边框和全断面检漏,扫描法有检漏仪法(光度计法)和采样量最小为1L/min的粒子计数器法两种,这里采用的是粒子计数器法检漏。

①被检过滤器必须已测过风量,在设计风速的80%~120%之间运行;

②采用粒子计数器检漏高效过滤器,其上风侧应引入均匀浓度的大气尘或其他气溶胶尘的空气。对不小于0.5μm的尘粒,浓度应不小于3.5×105pc/m^3;或对不小于0.1μm尘粒,浓度应不小于3.5×107pc/m^3,若检测D类高效过滤器,对不小于0.1μm尘粒,浓度应不小于3.5×109pc/m^3;

③检漏时将采样口放在距离被检过滤器表面2~3cm处,以5~20mm/s的速度移动,对被检过滤器整个断面、封头胶和安装模框和安装框架处进行扫描。在扫描过程中,应对计数突然递增的部位进行定点检验,发现有渗漏现象,即用硅橡胶进行补漏或更换高效过滤器。

4.空气洁净度等级

(1)仪器设备及环境

测量仪器:尘埃粒子计数器。

环境温度:洁净室(区)的温度和相对湿度应与其生产及工艺要求相适应。

(2)采样点的位置及数量

①测定洁净度的最低限度采样点数按下表的规定确定,表中的面积A:对于单向流(层流)洁净室,是指送风面积;对于乱流洁净室,是指房间面积。

a. 最低限度采样点数 N_L：

最低限度采样点数 N_L　　表 1-5

测点数	2	3	4	5	6	7	8	9	10
洁净区面积（m^2）	2.1 ~ 6.0	6.1 ~ 12.0	12.1 ~ 20.0	20.1 ~ 30.0	30.1 ~ 42.0	42.1 ~ 56.0	56.1 ~ 72.0	72.1 ~ 90.0	90.1 ~ 110.0

注：1. 在水平单向流时，面积 A 为与气流方向呈垂直的流动空气截面的面积；

2. 最低限度的采样点数 $N_L = A^{0.5}$ 计算（四舍五入取整数）。

b. 洁净度测点布置原则是：

多于 5 点时可分层分布，但每层不少于 5 点；5 点或 5 点以下时可布置在离地 0.8m 高平面的对角线上，或该平面上的两个过滤器之间的地点，也可以在认为需要布点的其他地方。

②采样量的确定

a. 测定洁净度的每次最小采样量按表 1-6 的规定确定：

每次采样的最小采样量（L）　　表 1-6

洁净度等级	粒径（μm）					
	0.1	0.2	0.3	0.5	1.0	5.0
1	2000	8400	–	–	–	–
2	200	840	1960	5680	–	–
3	20	84	196	568	2400	–
4	2	8	20	57	240	–
5	2	2	2	6	24	680
6	2	2	2	2	2	68
7	–	–	–	2	2	7
8	–	–	–	2	2	2
9	–	–	–	2	2	2

b. 每个采样点的最少采样时间为 1min，采样量至少为 2L。

c. 每个洁净区最少采样次数为 3 次，当洁净区仅有一个采样点时，则在该点至少采样 3 次。

d. 对预期空气洁净度等级达到 4 级或更洁净的环境，采样量很大，可采用 ISO14644-1 附录 F 规定的顺序采样法。

（3）技术要求

①每个采样点的平均粒子浓度 C_n 应不大于洁净度等级规定的限值，见表 1-7。

洁净度等级及悬浮粒子浓度限值　　表 1-7

洁净度等级	不小于表中粒径 D 的最大浓度 C_n（pc/m^3）					
	0.1μm	0.2μm	0.3μm	0.5μm	1.0μm	5.0μm
1	10	2	–	–	–	–
2	100	24	10	4	–	–
3	1000	237	102	35	8	–
4	10000	2370	1020	352	83	–
5	100000	23700	10200	3520	832	29

续表

洁净度等级	不小于表中粒径 D 的最大浓度 C_n（pc/m^3）					
	0.1μm	0.2μm	0.3μm	0.5μm	1.0μm	5.0μm
6	1000000	237000	102000	35200	8320	293
7	–	–	–	352000	83200	2930
8	–	–	–	3520000	832000	29300
9	–	–	–	35200000	8320000	293000

注：1. 本表仅表示了整数值的洁净度等级（N）悬浮粒子最大浓度的限值。

2. 对于非整数洁净度等级，其对应于粒子粒径 D（μm）的最大浓度值（C_n），应按下列公式计算求取：

$C_n = 10^N \times (0.1/D)^{2.08}$

3. 洁净度等级定级的粒径范围为 0.1～5.0μm，用于定级的粒径数不应大于 3 个，且其粒径有顺序级差不应小于 1.5 倍。

②全部采样点的平均粒子浓度 N 的 95% 置信上限值，应不大于洁净等级规定的限值。

即：$(N + t \times S/\sqrt{n})$ ≤级别规定的限值 (1－6)

式中 N——室内各测点平均含尘浓度，$N = \sum C_i / n$；

n——测点数；

S——室内各测点平均含尘浓度 N 的标准差：$S = \sqrt{(C_i - N)^2/(n-1)}$

t——置信度上限为 95% 时，单侧 t 分布的系数，见表 1－8。

t 系数 **表 1－8**

点数	2	3	4	5	6	7～9
t	6.3	2.9	2.4	2.1	2.0	1.9

(4) 操作过程及判定

①仪器开机后，预热至稳定后，方可按照使用说明书的规定对仪器进行校正（自检、自校、零计数）；

②采样管口置采样点采样时，在确认计数稳定后方可开始连续读数；

采样管必须干净，严禁渗漏。采样管的长度应根据仪器的允许长度。除另有规定外，长度不得大于 1.5m。计数器采样口和仪器的工作位置应处在同一气压和温度下，以免产生测量误差；

③对于单向流洁净室，采样口应对着气流方向，对于乱流洁净室，采样口宜向上，采样速度均应尽可能接近室内气流速度；

④记录数据评价。空气洁净度测试中，当全室（区）测点为 2～9 点时，必须计算每个采样点的平均粒子浓度 C_i 值、全部采样点的平均粒子浓度 N 及其标准差，导出 95% 置信上限值；采样点超过 9 点时，可采用算术平均值 N 作为置信上限值。

(5) 洁净室空气中悬浮粒子检测采样时，应注意以下问题：

①静态测试时，室内的测试人员不得多于 2 人，测试报告中应标明测试时所采用的状态；

②对于单向流，测试应在净化空气调节系统正常运行时间不少于 10min 后开始，非单向流要不少于 30min 后开始；

③必须按照仪器的检定周期，定期对仪器作检定（视仪器本身特点、使用频率、使用环境等决定）；

④每个采样点可按所计算确定的最小采样量采样空气。但一般根据所使用的粒子计数器的采样量及时间设定，通常实际采样都可能高于最小采样量；

⑤测定时进入洁净室的人员要穿洁净服（有风淋室要经过风淋），在室内尽量处于下风处并静

止少动。

5. 室内浮游菌和沉降菌

空气中悬浮微生物的测定有多种，但其测定的基本过程都是经过捕集、培养、计数的过程，目前采用的是浮游菌和沉降菌的测试方法。

(1)仪器设备及环境

测量仪器：培养皿、离心式微生物采样器、恒温培养箱。

环境温度：

浮游菌、沉降菌测试前被测试洁净室(区)的温湿度须达到规定的要求，静压差必须控制在规定值内。被测试洁净室(区)已消毒。采样装置采样前的准备及采样后的处理，均应在高效过滤器排风的负压实验室进行操作，该实验室的温度应为22±2℃；相对湿度应为50%±10%。

测试状态有静态和动态两种，并在报告中注明测试状态。测试人员：测试人员必须穿戴符合环境洁净度级别的工作服。静态测试时，室内测试人员不得多于2个人。

(2)采样点的位置及数量

室内浮游菌测点和洁净度测点可相同，采样必须按所用仪器说明书说明的步骤进行，特别要注意检测之前对仪器消毒灭菌。

沉降菌测定时，培养皿应布置在有代表性的地点和气流扰动极小的地点，培养皿数可与下表确定的采样点数相同，但培养皿最少数量应满足表1－9的规定。

最少培养皿数　　**表1－9**

洁净度级别	培养皿数
<5	44
5	14
6	5
≥7	2

(3)技术要求

室内浮游菌和沉降菌应符合设计要求。

(4)操作过程及判断

①浮游菌的测试

a. 首先应对测试仪器、培养皿表面进行严格消毒，采样器进入被测房间时先用消毒房间的消毒剂灭菌。用于5级洁净房间的采样器宜一直放在洁净房间，用消毒剂测试培养皿的外表面，把采样器的顶盖、转盘及罩子内外面消毒干净，采样口及采样管在使用前必须高温灭菌；

b. 采样者应穿戴洁净服，双手要消毒；

c. 开动真空泵抽气，使仪器中的残余消毒剂蒸发，时间不少于5min，并调好流量，转盘转速。关闭真空泵，放入培养皿，盖好盖子后调节采样器；

d. 置采样口于采样点后，依次开启采样器、真空泵、转动定时器、根据采样量选定采样时间。全部采样结束后，将培养皿倒置于30～35℃恒温培养箱中培养，时间不少于48h；

e. 用肉眼直接计数，然后用5～10倍放大镜检查，是否有遗漏，若平板上有两个或两个以上的菌落重叠，分辨时仍以两个或两个以上菌落计数。

②沉降菌的测试

对单向流，如5级净化房间内及层流工作台，测试应在净化空调系统正常运行不少于10min后开始。对非单向流，如7级、8级以上的净化房间，测试应在净化空调系统正常运行不少于30min后开始。

a. 采样方法:将已制备好的培养皿放置在预先确定的取样点,打开培养皿盖,使培养基表面暴露0.5h,再将培养皿盖上盖后倒置;

b. 培养:全部采样结束,将培养皿倒置于恒温培养箱中培养。在30~35℃培养,时间不少于48h。每批培养基应有对照试验,检查培养基本身是否污染,可每批选定3只培养皿作对照培养;

c. 菌落计数:用肉眼直接计数,然后用5~10倍放大镜检查,有否遗漏。若培养皿上有2个或2个以上菌落重叠,可分辨时仍以2个或2个以上的菌落计数。

(5)注意事项

①测试用具要做灭菌处理,以确保测试的可靠性、正确性;

②采取一切措施防止人为对样本的污染;

③对培养基、培养条件及其他参数作详细的记录;

④由于细菌种类繁多,差别甚大,计数时一般用透射光于培养皿背面或正面仔细观察,不要漏计培养皿边缘生长的菌落,并须注意细菌菌落与培养基沉淀物的区别,必要时用显微镜鉴别;

⑤采样前应仔细检查每个培养皿的质量,如发现变质、破损或污染的应剔除。

6. 室内空气温度和相对湿度

室内空气温度和相对湿度测定以前,净化空调系统应已连续运行至少24h。

(1)仪器设备及环境

常用的仪器设备有:干湿球温度计、数字式温湿度计、水银温度计等。

(2)测点的布置与数量:测点数见表1-10。

仪器设备环境及取样点数　　**表1-10**

波动范围	测定仪器	测点数量
温度(Δt)<0.5℃	用小量程温度自动记录仪或0.01℃刻度的水银温度计	测点间距为0.5~2.0m,每个房间测点不应少于20个,测点距墙大于0.5m,单向流洁净室大于0.2m
相对湿度(ΔRH)< ±5%	氯化锂温湿度计	
Δt = ±5℃ ~ ≤ ±2℃	用0.1℃刻度水银温度计	面积≤50m², 测5点, 当>50m²时, 每增加20~50m², 增加3~5个点
ΔRH = ±0.5% ~ ≤ ±10%	用0.2℃刻度通风干湿球温度计	
Δt > ±2℃	用0.2℃刻度水银温度计	洁净室面积≤50m²时,测1点,当>50m²时,每增加20~50m²,增加1个点
ΔRH > ±10%	用通风干湿球温度计	

(3)技术要求

①无恒温要求的场所,温湿度指标应符合设计要求。

②有恒温恒湿要求的场所:室温波动范围按各测点的各次温度中偏离控制点温度的最大值,占测点总数的百分比整理成累积统计曲线,90%以上测点达到的偏差值为室温波动范围,应符合设计要求。区域温度以各测点中最低的一次温度为基准,各测点平均温度与其偏差值的点数,占测点总数的百分比整理成累积统计曲线,90%以上测点所达到的偏差值为区域温差,应符合设计要求。相对湿度波动范围可按室温波动范围的原则确定。

(4)操作过程及判定

①根据设计要求和洁净度等级确定工作区,并在工作区内布置测点,洁净度房间离围护结构0.5m,离地0.5~1.5m处为工作区;

②根据温湿度波动范围要求,洁净室宜连续要求8~48h,每次读数间隔不大于30min;

③对没有恒温要求的房间,温湿度可测定房间中心一个点。

7. 单相流洁净室截面平均速度、速度不均匀度

(1)仪器设备及环境

仪器设备:热球风速仪。

环境温度:常温或设计温度下。

(2)抽样:对于单向流洁净室,截面平均风速都要测试。洁净度高于5级的单向流洁净室截面风速不均匀度都要求检测,洁净度等级为5级的单向流洁净室在设计有要求时检测。

(3)技术条件

①实测室内平均风速应大于设计风速,但不应超过20%。

②风速不均匀度按下式计算,结果应不大于0.25。

$$\beta_v = \frac{\sqrt{\frac{\sum (v_i - \bar{v})^2}{n-1}}}{\bar{v}} \tag{1-7}$$

式中　β_v——风速不均匀度;

v_i——任一点实测风速;

$\bar{v}$——平均风速;

n——测点数。

(4)操作过程及判定

①测定截面、测点数和测定仪器应符合风量或风速的测试中单向流(层流)洁净室的规定。

②测定风速宜用测定架固定风速仪以避免人体干扰,不得不手持风速仪测定时,手臂应伸直至最长位置,使人体远离测头。

8. 室内噪声

(1)仪器设备和环境

仪器设备:测噪声仪器为带信频程分析仪的声级计。

环境温度:常温或设计温度下。

(2)抽样:对有噪声设计要求的各个场所分别测定。

(3)技术要求

室内噪声级应符合《洁净厂房设计规范》(GB 50073—2001)的规定。在空态情况下,非单相流洁净室不应大于60dB(A),单向流、混合流洁净室不应大于65dB(A),洁净室的噪声频谱限制的各频带的声压级值不应大于《洁净厂房设计规范》(GB 50073—2001)表4.4.2的规定。

(4)操作过程及判定

①测噪声仪器为带信频程分析仪的声级计,一般只测A声级的数值。必要时测倍频程声压级。

②洁净室面积在15m² 以下时,可在室中心位置测量房间噪声,大于15m² 时,一般按5个测点采样,除房间两对角线相交的室中心位置外,另在房间四角对角线上对称的选取4点,如图1-4所示,测点高度一般距地面1.1m。

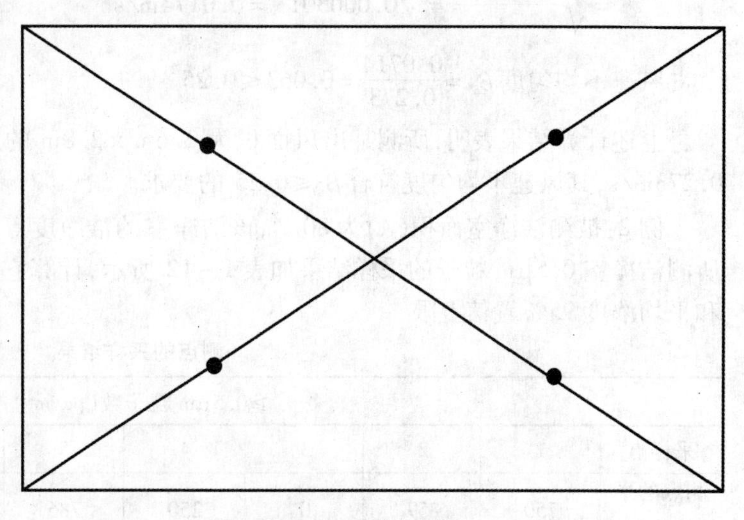

图1-4　测点布置

四、测试报告

每次测试应做记录,并提交性能

合格或不合格的测试报告。测试报告应包括以下内容：

(1)测试机构的名称、地址；

(2)测试日期的测试者签名；

(3)执行标准的编号及标准实施日期；

(4)被测试的洁净室或洁净区的地址、采样点的特定编号及坐标图；

(5)被测洁净室或洁净区的空气洁净度等级、被测粒径(或沉降菌、浮游菌)、被测洁净室所处的状态、气流流型和静压差、被测洁净室的温湿度、噪声；

(6)测试用的仪器的编号和标定证书；测试方法细则及测试中的特殊情况；

(7)测试结果包括在采样点坐标图上注明所测的粒子浓度(或沉降菌、浮游菌的菌落数)；

(8)对异常测试值进行说明及数据处理。

五、举例

例1：某局部垂直单向流，出风面积为2.6×2.8m，均匀布置32个测点测定风速，每个测点测定3次风速值，32个测点的风速平均值(m/s)如表1-11所列。计算单向流的算术平均值和风速不均匀度。

各测点风速平均值(m/s) **表1-11**

行 \ 列	1	2	3	4	5	6	7	8
Ⅰ	0.26	0.28	0.27	0.26	0.27	0.29	0.26	0.24
Ⅱ	0.27	0.29	0.30	0.28	0.28	0.30	0.28	0.25
Ⅲ	0.25	0.27	0.28	0.29	0.30	0.31	0.29	0.26
Ⅳ	0.26	0.26	0.25	0.26	0.28	0.27	0.29	0.25

[解](1)各测点的算术平均值：

$\bar{v} = \sum v_i / n = 8.73/32 = 0.273\text{m/s}$

(2)风速不均匀度

$$SD_v = \sqrt{\frac{(0.26-0.273)^2 + (0.28-0.273)^2 + \cdots\cdots + (0.25-0.273)^2}{32-1}}$$

$$= \sqrt{\frac{0.009341}{31}} = \sqrt{0.0003013} = 0.0174\text{m/s}$$

风速不均匀度 $\beta_v = \dfrac{0.0714}{0.273} = 0.063 \leqslant 0.25$

上述计算结果表明，所测某出风面积为2.6m×2.8m的局部垂直单向流，其算术平均风速为0.273m/s，其风速不均匀度符合$\beta_v \leqslant 0.25$的要求。

例2：被测洁净室面积(A)为80m^2，该洁净室的洁净度等级为等同(GB 50073—2001)的5级，所测洁净室0.5μm粒子的采样结果如表1-12所示，计算它的平均粒子浓度、平均值的标准偏差和平均浓度95%置信上限。

测点的采样结果 **表1-12**

≥0.5μm粒子数(pc/m^3)									
采样点	1	2	3	4	5	6	7	8	9
测点的平均浓度	750	857	0	250	786	893	821	1321	679

[解](1)计算所测洁净室的平均粒子浓度

$$N=\sum C_i/n=\frac{1}{9}(750+857+0+250+786+893+821+1312+679)=706\text{pc/m}^3$$

(2)室内各测点平均含尘浓度 N 的标准差 S

$$S=\sqrt{(C_i-N)^2/(n-1)}$$

$$=\sqrt{[(750-706)^2+(857-706)^2+(0+706)^2+\cdots\cdots+(679-706)^2]\times\frac{1}{8}}$$

$$=\sqrt{145582}=386\text{pc/m}^3$$

(3)计算平均浓度95%置信上限

$$N+t\times S/\sqrt{9}=706+1.9\times 386/\sqrt{9}=948\text{pc/m}^3$$

对照5级所允许的最大悬浮粒子浓度，可以看出：

对于≥0.5μm的粒子，每个采样点的平均粒子浓度小于3520pc/m³，平均浓度95%置信上限小于3520pc/m³，表明所测洁净室≥0.5μm的粒子符合要求。

思　考　题

1. 洁净室室内静压差的判断标准是什么？
2. 洁净度测点的布置原则有哪些？
3. 进行洁净室空气中悬浮粒子测试，在使用器皿时应注意哪些问题？

第二章　建筑水电检测

建筑水电是建筑设备安装分部工程的重要组成部分,其安装质量的好坏直接关系到建筑物的功能质量,建筑水电检测由于受检测机构能力的制约,因此相对建筑常规材料检测,各地普遍开展较晚,且项目单一,但随着人民生活水平不断提高,百姓越来越关注建筑物的功能,质量检测机构顺应时代需要,检测装备水平和检测能力近几年得到快速发展。为尽快提高检测人员的建筑水电检测水平,适应水电检测市场的新形势需要,本章重点系统介绍了给排水系统、绝缘接地电阻、防雷接地系统、建筑工程排水管材(件)、聚氯乙烯绝缘电线电缆、阀门、家用开关、插头插座的基本概念、检测方法、技术要求和结果评定等内容。力求通过学习培训,使广大检测人员更快、更好地熟悉和了解水电检测方面基本理论、基本知识和操作方法。

第一节　给排水系统

一、概述

给排水系统分为给水工程系统、排水工程系统和建筑给排水工程系统。给水工程和排水工程属于市政工程的范畴,不在本节的介绍范围,本节主要介绍建筑给排水系统。

建筑给排水系统就是将城镇给水管网或自备水源给水管网的水引入室内,经配水管送至生活、生产和消防用水设备,并将雨水或者使用过的水收集起来,及时排放到室外的系统。建筑给排水系统包括建筑内部给水系统、排水系统和消防水系统三大部分。

1. 给水系统

给水系统按照用途可分为生活给水系统、生产给水系统、热水系统。一般由引入管、水表节点、给水管道、配水装置和用水设备、给水附件、增压和贮水设备等几部分组成。

给水管道主要用钢管、铸铁管和塑料管,近些年钢塑复合管、铝塑复合管等也在很多工程中得到了大量的使用。

钢管的连接方法有螺纹连接、焊接和法兰连接,给水铸铁管采用承插连接,钢塑复合管使用螺纹连接,铝塑复合管使用卡套式连接,塑料管则有螺纹、法兰连接、焊接和粘结等多种方法。

2. 排水系统

排水系统分为生活排水系统、工业废水排水系统和屋面雨水排除系统。一般由卫生器具和生产设备的受水器、排水管道、清通设备和通气管道、污水局部处理构筑物等组成。

排水管道使用的管道主要有塑料管、铸铁管、钢管和带釉陶土管,工业废水还可用陶瓷管、玻璃钢管等。

3. 消防水系统

建筑消防水系统分为消火栓系统和自动喷水灭火系统。消火栓水系统一般由水枪、水带、消火栓、消防管道、消防水池、高位水箱、水泵接合器及增压水泵等组成。自动喷水灭火系统由水源、加压贮水设备、喷头、消防管网、报警装置等组成。消火栓给水管网应与自动喷水灭火管网分开设置。

根据使用压力和铺设部位的不同,消防水管道可以使用球墨给水铸铁管、焊接钢管、内外壁热浸锌焊接钢管、无缝钢管、内外壁热浸锌无缝钢管等。

建筑给排水管道系统安装过程中和安装完毕后，必须按照相关规范要求作相应的检测。一般来说，承压管道系统和设备应作水压试验，非承压管道系统和设备应作灌水试验。

二、检测依据

1.《建筑给水排水及采暖工程施工质量验收规范》(GB 50242—2002)；

2.设计文件。

三、检测方法及结果判定

1.水压试验

(1)环境条件：环境温度一般应在5℃以上。

(2)检测准备：

①预先熟悉图纸。明确要进行水压试验的管道区段或者系统，并确定管道系统的试验压力。

对于工作压力≤1.0MPa的室内给水系统，试验压力应符合设计要求。当设计未注明时，各种材质的给水管道系统试验压力均为工作压力的1.5倍，且不得小于0.6MPa；

对于工作压力≤1.0MPa，热水温度≤75℃的室内热水供应系统，试验压力应符合设计要求。当设计未注明时，试验压力为系统顶点的工作压力加0.1MPa，同时在系统顶点的试验压力不小于0.3MPa。

②核对已安装的管子、阀门、垫片、紧固件等，全部符合设计和技术规范规定后，把不宜和管道一起试压的配件拆除，使用材料(管材、阀门和管件等)和工具，将其连接成如下图2－1的形式，也可根据现场不同情况确定连接形式。

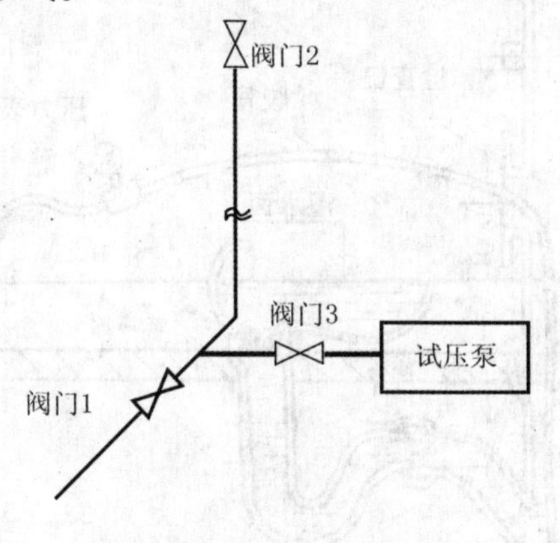

图2－1　水压试验接管示意图

(3)检测仪器：试压泵、压力表。

(4)检测方法：

①向试压的管道中注水。一般使用自来水，也可用未污染、无杂质的清水。将管道系统最高处用水点的阀门2打开，再打开阀门1，将水不经过试压泵直接注入管道中。见到阀门2处有水流出，表明管道内的空气已经排除，管道系统中已经充满水。也可通过阀门3从试压泵处注水。

②加压。管道注满水后，开动试压泵使管道内水压逐渐升高至工作压力，停泵，检查整个系统是否有泄漏现象。若无渗漏，再增压至试验压力。

③检查及评定标准。

对于金属及复合管给水管道系统在试验压力下观察10min，压力降不应大于0.02MPa，然后降到工作压力进行检查，应不渗不漏。

对于塑料管给水系统应在试验压力下稳压1h，压力降不得超过0.05MPa，然后在工作压力的1.15倍状态下稳压2h，压力降不得超过0.03MPa，连接处不得渗漏。

(5)操作注意事项

①检测时，环境温度应在5℃以上，若低于5℃，应有防冻措施或用50℃左右的热水，在5～10min内充满管道系统进行实验。试压结束后将系统内水放净、拆除试压设备，以防管道冻裂。

②加压速度应缓慢均匀。

2. 灌水试验

室内排水管道系统安装好并对外观质量和安装尺寸检查合格后，在与卫生设备连接之前，应作灌水试验，防止排水管道堵塞和渗漏。室内排水管道的通水试验应自下而上分层进行。

(1)环境条件：环境温度一般应在5℃以上；

(2)检测仪器：胶管、胶囊、压力表、打气筒；

(3)检测方法

①堵塞管口：试验前应把下层所有管口及连接卫生器具的管口用橡皮塞堵塞。操作时先将胶管、胶囊等按图2－2所示进行连接。将胶囊由上层检查口慢慢送入至所测长度，然后向胶囊充气并观察压力表示值上升到0.07MPa为止，最高不超过0.12MPa；

②灌水：由检查口或管道上口向管道中注水，直至各卫生设备的水位符合规定要求的水位为止；

③外观检查：对排水管及卫生设备各部分进行外观检查，发现有渗漏处应作出记号。灌水试验15min后，再灌满持续5min，以液面不下降为合格；

④放水：检验合格后即可放水，胶囊泄气后水会很快排出，若发现水位下降缓慢时，说明该管内有垃圾、杂物，应及时清理干净。

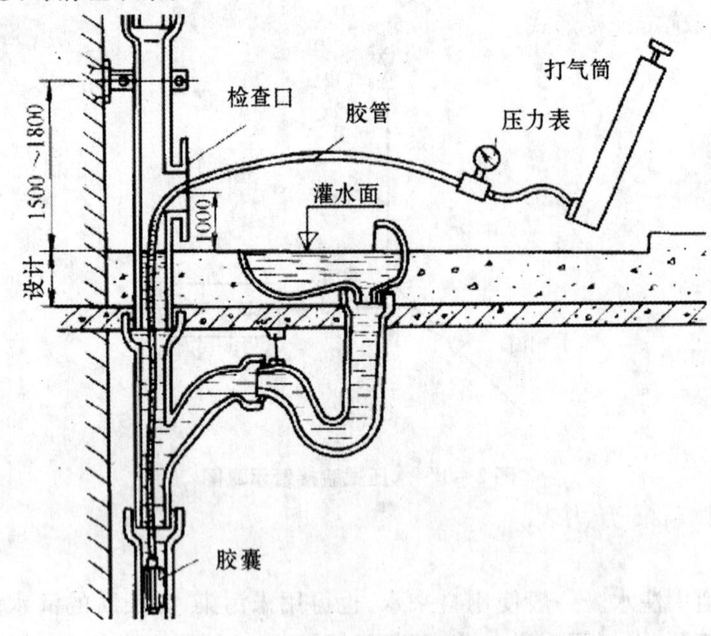

图2－2 排水管灌水试验示意图

(4)注意事项

①检测时，环境温度应在5℃以上，若低于5℃，应有防冻措施。灌水试验结束后将管道内水放净，以防管道冻裂；

②暗装或埋地的排水管道，在隐蔽前必须作通水试验，其灌水高度不低于底层地面的高度；

③高层建筑的排水管道安装完毕后必须进行灌水试压，灌水高度不能超过8m；

④雨水管灌水高度必须到每根立管最上部的雨水漏斗，灌水试验持续1h。

3. 通球试验

(1)环境条件无要求。

(2)检测准备：预先熟悉图纸，确定要进行通球试验的排水管，将准备通球的排水管的窨井打开，清除污染物。

(3)检测仪器：

硬制球(木球、塑料球等)。管径通球球径不小于排水管道管径的2/3。

(4)检测方法：

①球由立管上口通过排水管至窨井内；

②如上口封死，可从检查口抛球；

③检测结束，将排水管号、通球结果等情况记录。

(5)技术要求与结果判定：通球由窨井内取出为合格，通球不出来为不合格。

(6)操作注意事项：

①检测管道必须完全符合图纸，即按图施工，否则不予检测；

②管道检测前应预先清洁，可用水冲洗；

③如果检查的管道是塑料管道，为防止球将管道砸坏，球最好从中间层检查口抛入；

④允许冲水，如果数次冲水球仍然通不出来，判定不合格。

四、实例

[例2-1] 一幢3层建筑，给水管道采用PP-R管，给水系统工作压力为0.4MPa，给水系统的系统图如图2-3，现对3层的给水管道进行水压试验，请简述其试验过程。

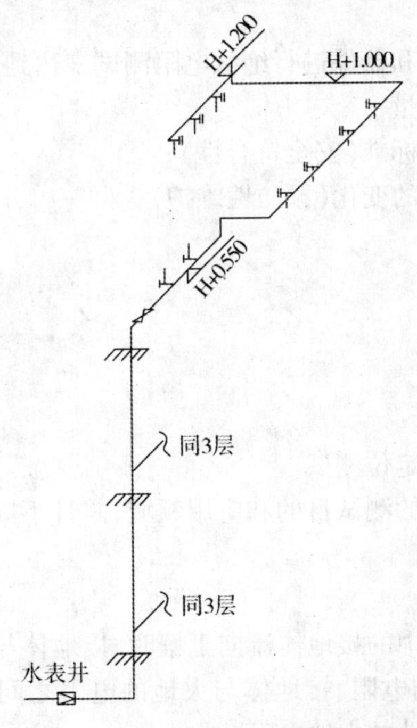

图2-3 某建筑给水系统的系统图

1. 试验压力的确定。系统工作压力为0.4MPa，$1.5\times0.4=0.6$，故水压试验的压力为0.6MPa。

2. 检查3层管道是否连接好，有无泄漏的现象。

3. 将试压泵接入第3层的管道中。然后打开3层进水阀门和本层最高处的阀门，让自来水充满3层的管道,直到有水从最高处的阀门流出。再关闭3层所有阀门。

4. 打开试压泵和3层管道的连接阀门。开动试压泵使管道内水压逐渐升高至0.4MPa,停泵,检查整个系统是否有泄漏现象。若无渗漏,再增压至0.6MPa。

5. 在0.6MPa压力下稳压1h,压力降不得超过0.05MPa,然后在工作压力的1.15倍状态下稳压2h,若压力降不超过0.03MPa,连接处不渗漏,则判定其水压试验合格。

思 考 题

1. 建筑给排水系统一般分为哪几个部分,各有什么特点?
2. 承压管道的水压试验的重要性是什么?
3. 室内雨水管道的灌水试验如何做?

第二节 绝缘、接地电阻

一、基本概念

建筑电气工程包含10kV以下架空线路、室内各种用电设备及电器器具安装、照明动力线路配管配线、电线电缆接线、电缆头制作、防雷接地系统,以及等电位系统的安装、各种电气设备试运行等。

1. 绝缘电阻

绝缘电阻是绝缘物在规定条件下的直流电阻。它是电气设备和电气线路最基本的绝缘指标。绝缘电阻测试是为了了解、评估电气设备的绝缘性能而经常使用的一种比较常规的试验。

(1)绝缘电阻检测的目的

通过对导体、电气零件、电路和器件进行绝缘电阻测试来达到以下目的:

①验证生产的电气设备的质量;

②确保电气设备满足规程和标准(安全符合性);

③确定电气设备性能随时间的变化(预防性维护);

④确定故障原因(排障)。

(2)绝缘电阻检测的类型

①设计测试;

②生产测试;

③交接验收测试;

④预防性维护测试以及故障定位测试。

不同的测试类型取决于不同的测试目的和应用领域,并且不同绝缘的测试过程也具有不同的特点。

2. 接地电阻

接地电阻是指电流从埋入地中的接地体流向土壤时,接地体与大地远外的电位差与该电流之比,它包括接地线和接地体本身的电阻、接地体与大地的电阻之间的接触电阻以及两接地体之间大地的电阻或接地体到无限大远处的大地电阻。

建筑物内需要接地的设备及部件很多,而且接地的要求也不相同,但从接地所起的作用可以归纳为三大类:防雷接地、工作接地和保护接地。

防雷接地是建筑物非常重要的接地系统,它所起的作用是当建筑物受到雷击时,能迅速有效地将雷电流泄入大地,从而保护建筑物及内部人员、设备的安全。

工作接地是使建筑物内各种用电设备能正常工作所需要的接地系统。工作接地又分为交流工作接地和直流工作接地。

保护接地是保护建筑物内人身免受间接接触的电击(即配电线路及设备在发生故障情况下的电击)和在发生接地故障情况下避免因金属壳体间有电位差而产生打火引起火灾。

在建筑物内这三种接地系统的接地体可以分别独立设置,也可共用接地体。

接地装置由接地体、接地线和接地母排组成。

影响接地电阻的主要原因有土壤电阻率、接地体的尺寸、形状及埋入深度、接地线与接地体的连接等。

二、检测依据

1.《建筑电气工程质量验收规范》(GB 50303—2002);

2.设计文件。

三、检测方法及结果判定

1.绝缘电阻检测

绝缘电阻检测分为导体、电气零件、电路和器件等项目的检测。包括灯具、开关、插座、馈电线路、设备等的检测。

(1)环境条件:要求被检测对象周围环境温度不宜低于5℃,空气相对湿度不宜大于80%。

(2)检测准备:先熟悉图纸,根据现场情况,确定抽检部位和数量。

(3)检测仪器:绝缘电阻测试仪(兆欧表)。

(4)检测方法:

①首先检查配电箱、检查接线是否符合图纸要求;

②确认检测线路上已经不带电;

③确认检测线路上要求断开的负载已处开路状态。

根据从左向右、从上向下的顺序用仪表探针分别紧密接触各线路的各相与地,并按下测试按钮,以分别测试线间、线对地间的绝缘电阻值。如果是单相回路,则测量相零(L-N)、相地(L-E)、零地(N-E);如果是三相回路,则测试A、B、C、N、E所有线对间的绝缘电阻值。检测时,记录人员要求复诵并将检测结果(实测值)按配电箱号、回路编号等逐一记录在原始记录本上。

其他类型的绝缘电阻检测的基本方法与线路绝缘电阻的检测类似。

(5)绝缘电阻技术要求与结果判定:

绝缘电阻值技术要求见表2-1。

绝缘电阻标准值　　表2-1

检测项目	绝缘电阻标准值(MΩ)
灯具	≥2
开关、插座	≥5
杆上低压配电箱(相间、相对地)	>0.5
成套配电柜、控制柜(屏台)动力、照明配电箱(线间、线对地)	馈电线路:>0.5 二次回路:>1.0
电动机、电加热器、电动执行机构	>0.5
柴油发电机组至低压配电柜馈电线路(相间、相对地)	>0.5
封闭、承插式母线	>20

将检测数据与上表相比较，符合要求即为合格，否则为不合格。

(6)操作注意事项：

①测量前必须将被测设备电源切断，并对地短路放电，决不允许设备带电进行测量，以保证人身和设备的安全；

②选择合适的电压等级；

③可能感应出高压电的设备，必须消除这种可能性后，才能进行测量；

④测物表面要清洁，减少接触电阻，确保测量结果的正确性；

⑤量前要检查兆欧表是否处于正常工作状态，主要检查其“0”和“∞”两点；

⑥电阻测试仪使用时应放在平稳、牢固的地方，且远离大的外电流导体和外磁场。

2. 接地电阻检测

(1)环境要求：被检测对象周围环境温度不宜低于5℃，空气相对湿度不宜大于80%。

(2)检测准备：预先熟悉图纸，了解图纸的设计要求；现场查看，确定抽检部位和数量，并将准备检测的接地极清洁干净。

(3)检测仪器：接地电阻测试仪(最普遍使用的是ZC－8型接地电阻测试仪)。

(4)检测方法：如图2－4所示，使被测接地极E′、电位探测针P′和电流探测针C′依直线彼此相距20m，且电位探测针P′插于接地极E′和电流探测针C′之间。用导线将E′、P′、C′联于仪表相应的端钮。四端钮型P_2C_2两端柱合并接通为1个线柱，与被测接地极E′相连。

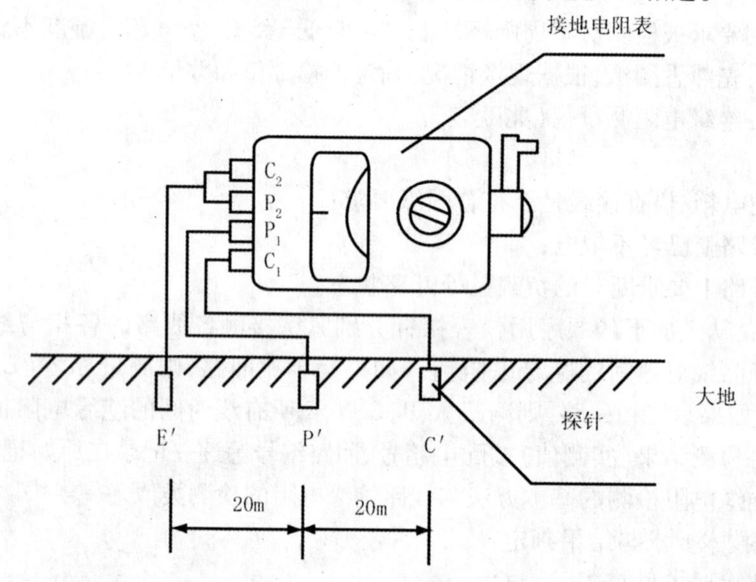

图2－4 地电阻测试示意图

将仪表指针调到零位，将倍率开关置于最大倍率上，缓慢摇动手柄，调节“测量标度盘”使仪表指针指于中心线，然后逐渐加快手柄转速，使其达到120r/min，调节“测量标度盘”使指针完全指零。如果“测量标度盘”读数小于“1”，则将倍率开关调小一档测量，直到调到最小倍率。这时，接地电阻＝倍率×“测量标度盘”读数。

将实测的接地电阻记录在原始记录本上，并记录检测环境条件，包括天气、土壤性质等，同时记录测试部位的轴线，设计阻值等。

(5)技术要求与结果判定：从设计文件中选取最小允许阻值。将检测数据乘以季节系数(表2－2)，其结果小于等于设计文件中允许的最小阻值为合格，反之为不合格。

土壤的季节系数　　　表 2－2

土壤性质	深度(m)	£1	£2	£3
黏土	0.5～0.8	3	2	1.5
	0.8～5	2	1.5	1.4
陶土	0～2	2.4	1.4	1.2
砂砾盖于陶土	0～2	1.8	1.2	1.1
园地	0～2	–	1.3	1.2
黄砂	0～2	2.4	1.6	1.2
杂以黄砂的砂砾	0～2	2.4	1.6	1.2
混炭	0～2	1.4	1.1	1.0
石灰石	0－2	2.5	1.5	1.2
备注	1. 测量前数天下过较长时间的雨，土壤很潮湿时； 2. 测量时土壤较潮湿，具有中等含水量； 3. 测量时土壤干燥或测量时降雨不大。			

(6)操作注意事项：

①接地极必须清洁干净，除去油漆、锈迹、污物等；

②20m 与 40m 接地探针距离必须符合要求；

③仪表应放置平稳，不能倾斜放置；

④检测有干扰影响时，应调整放线方向，尽量避开干扰大的方向，使仪表读数减少跳动。

四、例题

[例 2－2]　对一栋电气工程已经安装完毕的住宅楼进行绝缘电阻的检测，其中有一套房屋照明配电箱的线路绝缘电阻的检测结果见表 2－3，问其绝缘电阻是否合格。

某照明配电箱绝缘电阻测量值　　　表 2－3

序号	回路	相别	绝缘电阻(MΩ)
1	照明回路	L－N	0.9
2	插座回路一	L－N	152
		L－E	143
		N－E	155
3	插座回路二	L－N	15
		L－E	13
		N－E	0.5
4	插座回路三	L－N	21
		L－E	18
		N－E	14
5	插座回路四	L－N	13
		L－E	1.0
		N－E	1.5

续表

序号	回路	相别	绝缘电阻(MΩ)
6	插座回路五	L-N	0.5
		L-E	1.0
		N-E	0.8

由表2-3中数据可知,插座回路二的零地(N-E)和插座回路五的相零(L-N)线路绝缘电阻值都不大于0.5MΩ,不符合规范要求,故判定其绝缘电阻不合格。

思考题

1. 为什么规范(GB 50303—2002)中规定了绝缘电阻值有0.5MΩ、1MΩ、2MΩ、5MΩ、20MΩ?
2. 线路绝缘电阻检测时应注意哪些问题?
3. 为什么在测接地电阻时,要求测量线分别为20m和40m?它与钳形地阻表有什么区别?
4. 检测接地电阻读数不准确的原因是什么?有何解决方法?

第三节 防雷接地系统

一、基本概念

1. 雷电的形成及特点

空气中的水蒸气在强烈的上升热气流的作用下,产生了水滴的分离,微细水滴带负电,较大水滴带正电,大气不断流动形成雷云。微细水滴在气流的作用下形成带负电的雷云,在云上部的较大水滴则向地面降落而成雨或悬浮在空中。带负电的雷云在大地表面感应有正电荷。这样雷云与大地间形成一个大的电容器,当电场强度增加到极限值时,雷云开始电离并向下方梯级式放电,称为下行先导放电。当这个先导逐渐接近地面物体并达到一定距离时,地面物体在强电场作用下产生尖端放电形成向上的先导,并朝下行先导发展,两者汇合形成雷电通路,并开始主放电过程,在一瞬间发出明亮的闪电和隆隆的雷声。这种雷击称为负极性下行先导雷击,大约占全部雷击现象的90%。其余的还有正极性下行先导雷击、负极性上行先导雷击和正极性先导雷击。

雷云放电速度很快,雷电流的幅值很大,雷电流的陡度很高。雷电流的大小与土壤电阻率、雷击点的散流电阻有关。

2. 雷电的危害

常见的雷电作用可分为三类:直击雷、感应雷、雷电波侵入。

(1)直击雷,即雷直接击在建筑物和设备上发生的机械效应和热效应。热效应为雷电流通过导体时产生的大量热能,此热能能使金属熔化,使物体燃烧,甚至引起火灾。机械效应与雷电流使物体水分突然蒸发,造成体内压力骤增,而使被击物爆裂。另外雷电流通过导体时,在拐角处及平行导体间也会产生很大的作用力,这也有很大的破坏作用。

(2)感应雷,即雷电流产生的电磁效应和静电效应。主要在雷电流的电磁场剧烈变化或静电电荷在金属上和电气线路上产生很高的电压,危及设备和人员的安全。

(3)雷电波侵入,即雷电流沿电气线路和管道引入建筑物内部。

3. 建筑物的防雷等级和防雷措施

根据建筑物的重要性、使用性质、影响后果等将建筑划分为第一类、第二类、第三类防雷建筑物,第一类防雷建筑物的防护等级最高。

从防雷要求来说，建筑物应有防直击雷、感应雷和防雷电波侵入的措施。

防止直接雷击的主要措施：设法引导雷击时雷电流按预先安排好的通道泻入大地，从而避免雷云向被保护的建筑物放电。

防止雷电感应的主要措施：建筑物内部所有金属部件以及突出建筑物的所有金属部件均应通过接地装置与大地做可靠连接。

防止雷电波侵入的主要措施：低压线路宜全线或不小于50m的一段用金属铠装电缆直接埋地引入建筑物，并将电缆外皮接地；在架空线路与电缆连接处或架空线入户端应装避雷器或保护间隙，并应与绝缘子铁脚连在一起接到防雷接地装置上。

一、二类民用建筑物应有防止这三种雷电波侵入的措施和保护，三类民用建筑物主要应有防直击雷和防雷电波侵入的措施。

4. 防雷装置

防雷装置是用以对某一空间进行雷电效应防护的整套装置，它由外部防雷装置、内部防雷装置两部分组成。在特定情况下，防雷装置可以仅包括外部防雷装置或内部防雷装置。

外部防雷装置由接闪器、引下线和接地装置组成，主要用于防护直接雷击的防雷装置。除外部防雷装置外，所有其他附加设施均为内部防雷装置，主要用于减小和防护雷电流在需要防护空间内所产生的电磁效应。

二、检测依据

1.《建筑电气工程质量验收规范》(GB 50303—2002)；
2.《建筑物防雷装置检测技术规范》(GB/T 21431—2008)；
3.《建筑物防雷设计规范》(GB 50057—2000)；
4. 设计文件。

三、检测方法及结果判定

1. 检测准备

预先熟悉图纸。不仅要熟悉电气图，还要对建筑设计中的结构、设备布置进行认真分析，要充分领会设计中有关说明，发现设计中的问题。

2. 检测仪器

工频接地电阻测试仪、毫欧表、土壤电阻率测试仪、经纬仪、游标卡尺、钢尺、兆欧表、环路电阻测试仪、万用表、压敏电压测试仪、电磁屏蔽用测试仪。

3. 检测过程

防雷接地系统隐蔽工程较多，检测必须跟随工程进度进行，在不同的施工阶段检测内容不同。检测可分为检查和测量两部分，检查是定性的，而测量则是定量的。检查的项目比较多，测量项目则相对少一些，主要有接地电阻值、避雷带和引下线的截面积、焊接长度、引下线的间隔距离、避雷针的保护范围、电涌保护器的引线长度等。

(1)外部防雷装置的检测

外部防雷装置的作用是拦截、泄放雷电流，它是由接闪器(避雷针、避雷带)、引下线、接地装置组成，可将绝大部分雷电能量直接导入地下泄放。

①接地装置

采用目测检查与仪器测试相结合的方式。

a. 检查。检查接地体的埋设间距、深度、安装方法；检查接地装置的材质、连接方法、防腐处理以及完整性情况；检查接地网与护坡桩的钢筋是否就近连接，连接点的数量与引下线的数量是否一致，是否对齐引下线的位置，焊接长度和面积是否符合规定，是否按照施工图设计文件进行施工。

若设有辅助接地装置，检查人工接地体在土壤中的埋地深度、间距、位置是否科学；人工接地体的材料选用是否合理。

b. 测量。用相应的仪器进行防雷接地电阻测试，确定是否达到规定或设计标准。接地电阻的测量方法参照本章第二节。

②引下线

引下线的作用是将避雷带与接地装置连接在一起，使雷电流构成通路。在建筑物中一般均是利用其柱或剪力墙中的主筋做为引下线，随主体结构逐层串联焊接至屋顶与避雷线连接。

a. 检查：检查引下线的根数是否符合设计要求及断接卡的设置情况；对于暗敷引下线需检查隐蔽工程记录；对于明敷引下线检查其是否符合平直，无急弯的要求；引下线、接闪器和接地装置的焊接处是否锈蚀，油漆是否有遗漏及近地面的保护设施。

b. 测量：用钢尺检查引下线的间距，检查其是否符合规范要求（表 2－4）。

各类防雷建筑物引下线间距的具体要求　　**表 2－4**

防雷等级	引下线间距（m）
一类防雷建筑物	≤12
二类防雷建筑物	≤18
三类防雷建筑物	≤25

用游标卡尺检测引下线的规格并计算引下线的截面积。

用接地电阻测试仪检测引下线的电阻值，以确定是否符合规范规定和设计标准。

③接闪器

接闪器由避雷针和避雷带（网）组成。

a. 检查：检查接闪器与建筑物顶部外露的其他金属物的电气连接、与避雷引下线电气连接，天线设施等电位连接；检查接闪器的位置是否正确，焊接固定的焊缝是否饱满无遗漏，螺栓固定的应备帽等防松零件是否齐全，焊接部分补刷的防腐油漆是否完整，接闪器是否锈蚀 1/3 以上。避雷带是否平正顺直，固定点支持件是否间距均匀，固定可靠，避雷带支持件间距是否符合水平直线距离为 0.5～1.5m 的要求；检查接闪器上有无附着的其他电气线路。如果接闪器上有附着的其他电气线路则应按（GB 50169—1992）中第 2.5.3 条规定检查，即"装有避雷针和避雷线的构架上的照明灯电源线，必须采用直埋于土壤中的带金属护层的电缆或穿入金属管的导线。电缆的金属护层或金属管必须接地，埋入土壤中的长度应在 10m 以上，方可与配电装置的接地相连或与电源线、低压配电装置相连接"。

b. 测量：用游标卡尺或钢尺测量避雷针直径，其直径应符合表 2－5 要求。

避雷针直径要求　　**表 2－5**

避雷针高度	避雷针直径（mm）
针长 1m 以下	圆钢≥12mm 钢管≥20mm
针长 1～2m	圆钢≥16mm 钢管≥25mm
烟囱顶上的针	圆钢≥20mm 钢管≥40mm

应用经纬仪或测高仪和卷尺测量接闪器的高度、长度，建筑物的长、宽、高，然后根据建筑物防雷类别用滚球法计算其保护范围。

用钢尺检查避雷网的网格尺寸，检查其是否符合表2－6的要求。

各类防雷建筑物接闪器的布置要求　　**表2－6**

建筑物防雷类别	避雷网网格尺寸（m×m）
第一类防雷建筑物	≤5×5或6×4
第二类防雷建筑物	≤10×10或12×8
第三类防雷建筑物	≤20×20或24×16

测量避雷带的接地电阻值。

④均压环

在高层建筑的设计和施工中，除了防止雷电的直击外，还应防止侧向雷击，超过30m高的建筑物，应在30m及其以上每三层围绕建筑物外廓的墙内做均压环，并与引下线连接。保证建筑物结构圈梁的各点电位相同，防止出现电位差。

a. 检查：检查是否按照规范和设计文件规定设置均压环；均压环是否沿建筑物的四周暗敷设，并与各根引下线相连接；外檐金属门、窗、栏杆、扶手、玻璃幕、金属外挂板等预埋件的焊接点是否不少于两处与引下线连接。

b. 测量：测量均压环的截面，均压环应使用不小于Φ10mm的镀锌圆钢，或不小于40mm×4mm的镀锌扁钢。

（2）内部防雷装置的检测

内部防护（雷电电磁脉冲防护）的作用是均衡系统电位，限制过电压幅值，它是由均压等电位联结、各种过电压保护器（避雷器）等组成。其技术措施是截流、屏蔽、均压、分流、接地。对雷电电磁脉冲容易入侵的所有通道，如电源线、天馈线和各种信号传输线等带电金属通道，要求合理布线、严密屏蔽。

①雷电电磁脉冲屏蔽

a. 检查：检查是否按图施工；检查屋顶金属表面、立面金属表面、混凝土内钢筋和金属门窗框架等大尺寸金属件是否与等电位联结在一起，并与防雷接地装置相连；检查其是网形还是板形屏蔽结构。

b. 测量：用毫欧表测量屏蔽网格、金属管、（槽）防静电地板支撑金属网格、大尺寸金属件、房间屋顶金属龙骨、屋顶金属表面、立面金属表面、金属门窗、金属格栅和电缆屏蔽层的电气连接，过渡电阻值不宜大于0.03Ω。

当采用金属板形材料作为屏蔽材料时，用游标卡尺测量板材厚度，板材厚度应在0.3～0.5mm之间。

②等电位

a. 检查：对于设备、管道、构架、均压环、钢骨架、钢窗、放散管、吊车、金属地板、电梯轨道、栏杆等大尺寸金属物检查其与共用接地装置的连接情况；对于平行或交叉敷设的管道、构架和电缆金属外皮等长金属物，检查其净距小于规定要求值时的金属线跨接情况。

检查第一类防雷建筑物中长金属物的弯头、阀门、法兰盘等连接处的连接情况，检查是否有跨接的金属线，并检查连接质量，连接导体的材料和尺寸；检查由LPZ0区到LPZ1区的总等电位联结状况，如已实现其与防雷接地装置的两处以上连接，应进一步检查连接质量，连接导体的材料和尺寸；检查低压配电线路是否全线埋地或敷设在架空金属线槽内引入。如全线采用电缆埋地引入有困难,应检查电缆埋地长度和电缆与架空线连接处使用的避雷器、电缆金属外皮、钢管和绝缘子铁脚等接地连接质量,连接导体的材料和尺寸。

对于第一类和处在爆炸危险环境的第二类防雷建筑物外架空金属管道,检查架空金属管道进入建筑物前是否每隔 25m 接地一次,连接质量,连接导体的材料和尺寸。

对于建筑物内竖直敷设的金属管道及金属物的检查其与建筑物内钢筋是否就近不少于两处的连接,如已实现连接,应进一步检查连接质量,连接导体的材料和尺寸。

对于所有进入建筑物的外来导电物检查其在 LPZO 区与 LPZ1 区界面处与总等电位联结带的连接情况,如已实现连接应进一步检查连接质量,连接导体的材料和尺寸。

检查所有穿过各后续防雷区界面处导电物均应在界面处与建筑物内的钢筋或等电位联结预留板连接情况,如已实现连接应进一步检查连接质量,连接导体的材料和尺寸。

检查信息技术设备与建筑物共用接地系统的连接的基本形式,并进一步检查连接质量,连接导体的材料和尺寸。

b. 测量

测量等电位联结的尺寸和截面积,应符合表 2-7 的要求。

各种连接导体的最小截面(mm^2) 表 2-7

材料	等电位联结带之间和等电位联结带与接地装置之间的联结导体,流过不小于 25% 总雷电流的等电位联结导体	内部金属装置与等电位联结带之间的联结导体,流过小于 25% 总雷电流的等电位联结导体
铜	16	6
铝	25	10
铁	50	16

等电位联结的过渡电阻的测试采用空载电压 4~24V,最小电流为 0.2A 的测试仪器进行检测,过渡电阻值一般不应超过 0.03Ω。

③电涌保护器(SPD)

电涌保护器是用于限制暂态过电压和分流浪涌电流的装置。它至少应包含一个非线性电压限制元件,也称浪涌保护器。

a. 检查:

检查并记录各级 SPD 的安装位置,安装数量、型号、主要性能参数(如 U_c、I_n、I_{max}、I_{imp}、U_p 等)和安装工艺(连接导体的材质和导线截面,连接导线的色标,连接牢固程度)。

检查 SPD 的外观:SPD 的表面应平整,光洁,无划伤,无裂痕和烧灼痕或变形。SPD 的标志应完整和清晰。

检查 SPD 是否具有状态指示器。如有,则需确认状态指示应与生产厂说明相一致。检查安装在电路上的 SPD 限压元件前端是否有脱离器。如 SPD 无内置脱离器,则检查是否有过电流保护器,如使用熔断器,其值应与主电路上的熔断电流值相配合。即应当根据电涌保护器(SPD)产品手册中推荐的过电流保护器的最大额定值选择。如果额定值不小于主电路中的过电流保护器时,则可省去。

检查安装在配电系统中的 SPD 的 U_c 值,应符合表 2-8 的规定要求。

在各种低压配电系统接地形式时 SPD 的最小 U_c 值　　表 2－8

电涌保护器连接于	低压交流配电接地形式				
	TT 系统	TN－C 系统	TN－S 系统	引出中性线的 IT 系统	不引出中性线的 IT 系统
每一相线和中性线间	$1.15U_0$	不适用	$1.15U_0$	$1.15U_0$	不适用
每一相线和 PE 线间	$1.15U_0$	不适用	$1.15U_0$	$1.15U_0$	$1.15U_0$
中性线和 PE 线间	$1.15U_0$	不适用	$1.15U_0$	$1.15U_0$	不适用
每一相线和 PEN 线间	不适用	$1.15U_0$	不适用	不适用	不适用

注：1. U_0 指低压系统相线对中性线的标称电压，U 为线间电压，$U=\sqrt{3}U_0$；

2. 在 TT 系统中，SPD 在 RCD 的负荷侧安装时，最低 U_0 值不应小于 $1.55U_0$，此时安装形式为 L－PE 和 N－P；当 SPD 在 RCD 的电源侧安装时，应采用“3＋1”形式，即 L－N 和 N－PE，U_c 值不应小 $1.15U_0$；

3. U_c 应大于 U_cS。

检查安装的电信、信号 SPD 的 U_c 值，应符合表 2－9 的规定要求。

常用电子系统工作电压与 SPD 额定工作电压的对应关系参考值　　表 2－9

序号	通信线类型	额定工作电压（V）	SPD 额定工作电压（V）
1	DDN/X.25/帧中继	<6 或 40～60	18 或 80
2	xDSL	<6	18
3	2M 数字中继	<5	6.5
4	ISDN	40	80
5	模拟电话线	<110	180
6	100M 以太网	<5	6.5
7	同轴以太网	<5	6.5
8	Rs232	<12	18
9	Rs422/485	<5	6
10	视频线	<6	6.5
11	现场控制	<24	29

b. 测量：

用 N－PE 环路电阻测试仪测试从总配电盘（箱）引出的分支线路上的中性线（N）与保护线（PE）之间的阻值，确认线路为 TN－C 或 TN－C－S 或 TN－S 或 TT 或 IT 系统。

测量多级 SPD 之间的距离。SPD 之间的线路长度应按试验数据采用；若无此试验数据时，电压开关型 SPD 与限压型 SPD 之间的线路长度不宜小于 10m，若小于 10m 应加装退耦元件。限压型 SPD 之间的线路长度不宜小于 5m，若小于 5m 应加装退耦元件。

测量 SPD 两端引线的长度和截面积，SPD 两端的引线长度不宜超过 0.5m，SPD 引线的截面积应符合表 2－10 的要求。

SPD 引线的截面积　　　　表 2－10

保护级别		SPD 的类型	引线截面积（mm^2）	
			SPD 连接相线铜导线	SPD 接地端连接铜导线
电源	第一级	开关型或限压型	≥16	≥25
	第二级	限压型	≥10	≥16
	第三级	限压型	≥6	≥6
	第四级	限压型	≥4	≥6
信号		天馈		≥6
		信号		≥1.5

注：混合型 SPD 参照相应保护级别的截面积选择。

四、实例

［例 2－3］　现以 ZC－8 型接地电阻测试仪举例说明防雷接地电阻检测。

有一建筑物，楼高七层，屋面用 $\Phi 12$ 镀锌圆钢明敷防雷网，在建筑物四角 ±0 以上 80cm 有 4 个防雷测试点。建筑物地处郊区，地势开阔，四周有植被，检测天气为晴天，一周前下过雨。图纸上接地电阻值不大于 1Ω。

首先选择使用 ZC－8 型接地电阻测试仪检测测试点的接地电阻值。将测试点清洁干净，表面油漆、杂物去除，仪表测试端和测试点用夹子接触紧密，将 20m 与 40m 辅助接地棒打好，仪表接线接好，调零。表盘刻度调到最大档位，最大刻度，120r/min 匀速摇动手柄，移动表盘，使指针居中，然后读数，为 2.2。然后乘以档位 0.1，实测值结果为 $2.2 \times 0.1 = 0.22\Omega$。

根据季节系数表格选定季节系数为 1.5，则最后结果为 $1.5 \times 0.22 = 0.33\Omega$。

检测结果 0.33Ω < 设计值 1.0Ω，则该测试点接地电阻值符合设计要求，结果判定为合格。

思　考　题

1. 防雷接地的意义是什么？
2. 建筑物有哪些防雷装置和防雷措施？
3. 利用建筑物的钢筋混凝土基础主筋作为自然接地体有什么好处？在什么情况时不能作为接地体？

第四节　电线电缆

一、基本概念

1. 范围

电线电缆是指用于电力、通信及相关传输用途的材料。其性能检测主要通过两个方面来实现，一是导体的试验方法，一是绝缘材料和护套材料试验方法。电线电缆因用途不同，其产品类型很多，有低压电缆、高压电缆，通信用的，船用的等。不同类型的产品根据自身特点，都会有不同的产品标准。其产品标准中除了有各自产品技术要求，有的还有试验方法。根据建筑工程的特点，本节以《额定电压在 450/750V 及以下聚氯乙烯绝缘电缆第 3 部分：固定布线用无护套电缆》（GB/T 5023.3—2008）为例，叙述电线电缆的检测。

2. 术语和定义

额定电压:电缆结构设计和电性能检测用的基准电压。

绝缘电阻:在规定条件下,处于两个导体之间的绝缘材料的电阻。

体积电阻:排除表面电流后由体积导电所确定的绝缘电阻部分。

体积电阻率:折算成单位立方体积时的体积电阻。

最大拉力:进行机械性能试验期间负荷达到最大值。

抗拉应力:试件未拉伸时单位面积上的拉力。

抗张强度:拉伸试件至断裂时记录的最大的抗拉应力。

断裂伸长率:试件拉伸至断裂时,标记距离的增量与未拉伸试件标记距离的百分比。

中间值:将获得的检测数据以递增或递减排列,有效数据个数为奇数时则中间值为正中间的数值;若为偶数时,中间值为中间两个数值的平均数。

3. 相关标准

《电缆和光缆绝缘和护套材料通用检测方法》(GB/T 2951—2008)

《电线电缆电性能检测方法》(GB/T 3048—2007)

《电缆的导体》(GB/T 3956—1997)

《电缆和光缆在火焰条件下的燃烧试验第 12 部分:单根绝缘电线电缆火焰垂直蔓延试验 1kW 预混合型火焰试验方法》(GB/T 18380. 12—2008)

《额定电压 450/750V 及以下聚氯乙烯绝缘电缆第 1 部分:一般要求》(GB/T5023. 1—2008)

《额定电压 450/750V 及以下聚氯乙烯绝缘电缆第 2 部分:试验方法》(GB/T5023. 2—2008)

《额定电压 450/750V 及以下聚氯乙烯绝缘电缆第 3 部分:固定布线用无护套电缆》(GB/T5023. 3—2008)

《额定电压 450/750V 及以下聚氯乙烯绝缘电缆第 4 部分:固定布线用护套电缆》(GB/T5023. 4—2008)

《额定电压 450/750V 及以下聚氯乙烯绝缘电缆第 5 部分:软电缆(软线)》(GB/T5023. 5—2008)

《额定电压 450/750V 及以下聚氯乙烯绝缘电缆第 6 部分:电梯电缆和挠性连接用电缆》(GB/T5023. 6—2006)

《额定电压 450/750V 及以下聚氯乙烯绝缘电缆第 7 部分:二芯或多芯屏蔽和非屏蔽软电缆》(GB/T5023. 7—2008)

《额定电压 450/750V 及以下聚氯乙烯绝缘电缆电线和软线》(JB8734—1998)

4. 标准的使用方法

《电缆和光缆绝缘和护套材料通用检测方法》(GB/T 2951—2008)是电线电缆绝缘和护套材料通用检测方法,适用于配电用电缆和通信电缆(包括船用电缆)。其中 GB/T 2951. 11—2008 规定了电缆和光缆绝缘和护套材料的厚度和外形尺寸测量的机械性能试验方法;GB/T 2951. 12—2008 规定了电缆和光缆绝缘和护套材料热老化试验方法。

《电线电缆电性能检测方法》(GB/T 3048—2007)规定了电线电缆有关电性能的各项试验方法,适用于各种类型的电线电缆及材料。

《电缆的导体》(GB/T 3956—1997)规定了电缆和软线用导体从 0. 5 ~ 2000mm^2 经标准化的标称截面、单线根数、线线直径及其电阻值。但不适用于通信用途电缆。

《电缆和光缆在火焰条件下的燃烧试验》(GB/T 18380—2008),其中 GB/T 18380. 11—2008 规定了替代了 GB/T 18380. 1—2001,规定了单根电线电缆和光缆火焰垂直蔓延试验的试验装置。GB/T 18380. 12—2008 规定了单根电线电缆和光缆火焰垂直蔓延试验的试验方法和要求。

《额定电压 450/750V 及以下聚氯乙烯绝缘电缆》(GB/T 5023. 1 ~ 5、7—2008)、(GB/T

5023.6—2006)适用于额定电压450/750V及以下聚氯乙烯绝缘或护套(若有)软电缆和硬电缆,用于交流标称电压不超过450/750V的动力装置。

《额定电压450/750V及以下聚氯乙烯绝缘电缆电线和软线》(JB 8734—1998)是对GB/T 5023—2008标准的补充。该标准中产品主要技术参数,基本试验条件及性能指标均与GB/T 5023.1～5、7—2008、GB/T 5023.6—2006规定协调一致。

《额定电压在450/750V及以下聚氯乙烯绝缘电缆》(GB/T 5023.1～5、7—2008)、(GB/T 5023.6—2006)分7部分,第1部分为一般要求,第2部分是试验方法,第3～7部分为具体的产品技术要求。

电线电缆产品的检测,应以其产品具体章节结合一般要求与试验方法同时进行。

如:以60227IEC01(BV)此种规格电缆为例,简述怎样以产品标准入手来进行检测。

解读产品规格型号60227IEC01(BV)2.5(附录中有说明)。60227IEC01是指一般用途单芯硬导体无护套电缆;B是指固定敷设用电缆(电线),V是指绝缘聚氯乙烯,那么该规格型号指的是固定敷设用一般用途单芯硬导体绝缘聚氯乙烯无护套电缆,由此可以在《额定电压450/750V及以下聚氯乙烯绝缘电缆第3部分:固定布线用无护套电缆》(GB/T5023.3—2008)中找到该产品技术要求。阅读GB/T5023.3—2008中对于60227IEC01(BV)的相关要求(即第2条一般用途单芯硬导体无护套电缆)。根据其2.4条确定试验要求,按规定的试验要求进行试验,结果判定时,查找相关的技术要求进行结果判定。

二、环境条件

1. 除非另有规定,电线电缆电性能检测环境温度应为23±5℃,非电性能检测环境温度应为20±5℃。

2. 除非另有规定,电线电缆非电性能检测用试样须在检测环境温度下保存3h以上才能开始检测。

三、试样制备与处理

1. 试样制备前的准备工作

不论在产品标准,还是检测方法中,只介绍了各个检测项目的试样制备方法。而这些检测项目的试样是如何从样品上取来的,却没有介绍,其通常的做法是这样的:

取待检测用样品,将样品起始部分大约1000mm长的线头截去,再按顺序截取13段初步试样,线段长度分别为:第1～4段大于100mm(约120mm左右);第5段大于1000mm(约1200mm左右),第6～8段大于100mm(约120mm左右);第9段5000mm;第10～12段大于100mm(约120mm左右);第13段为600±25mm。其中第1、3、6、8、11线段用于做老化前拉力试验;第2、4、7、10、12线段用于老化试验和老化后拉力试验;第5段用于导体电阻试验;第9段绕成直径为150～200mm的线圈,两头各露出约150mm,用于电压试验和绝缘电阻试验;第13段用于垂直燃烧试验。

利用这些初步试验,再分别进行各检测项目的试验制备工作。

2. 试样制备与处理

(1)线芯直径和线芯结构

将大于100mm长的第1、6、9电段铜芯取出,截取20～30mm,用于线芯直径和线芯结构测量。

(2)绝缘厚度和外形尺寸测量

将第1、6、9线段上去除所有护层,抽出导体和隔离层(如果有的话)。用适当的刀具(锋利的刀片如剃刀刀片)沿着与导体轴线相垂直的平面切取薄片。如果绝缘上有压印标记凹痕,会使该处厚度变薄,因此试件应取包含标记的一段。该试样用于绝缘厚度和外形尺寸的测量。

(3)老化前后拉力试验

①取样

每个试件的取样长度要求100mm,供制取老化前机械性能试验用试件至少5个和供要求进行各种老化用试件各至少5个。有机械损伤的任何试样不应用于试验。

尽可能使用哑铃试件。

②哑铃试件

将绝缘线芯(护套)轴向切开,抽出导体,从绝缘试样(护套)上取出哑铃试件。

绝缘内外侧若有半导电层,应用机械方法去除而不应使用熔剂。

每一个试样切成适当的试条,在试条上标上记号,以识别取自哪个试样及其在试样上的相关位置。

试条应磨平或削平,使标记线之间具有平行的表面。磨平时应注意避免过热。对PE和PP试件只能削平不能磨平。磨平或削平后,试条厚度应不小于0.8mm,不大于2.0mm。如果不能获得0.8mm的厚度,允许最小厚度为0.6mm。

在制备好的试条上冲切哑铃试件,如有可能应并排冲切2个哑铃试件。

拉力试验前,在每个哑铃试件的中央标上两条标记线。其间距离:大哑铃试件20mm,小哑铃试件10mm。

允许哑铃试件的两端不完整,只要断裂点发生在标记线之间。

截面积计算

每个试件的截面积是试件宽度和最小厚度的乘积。试件的宽度和长度应按如下方法测量:

宽度:任意取3个试件测量他们的宽度,取最小值为该组哑铃试件的宽度。如对宽度的均匀性有疑问,则应在3个试件上分别取3处测量上下两边的宽度,计算上下测量处测量值的平均值。取3个试件9个平均值中的最小值为该组哑铃试件的宽度。如还有疑问,应在每个时间上测量宽度。

厚度:每个试件的厚度取拉伸区域内三处测量值的最小值。应使用光学仪器或指针式测厚仪进行测量,测量时接触压力不超过0.07N/mm²。

测量厚度时的误差应不大于0.01mm,测量宽度时误差应不大于0.04mm。如有疑问,并在技术上也可行的情况下,应使用光学仪器。或也可使用接触压力不大于0.02N/mm²的指针式测厚仪。

③管状试件

只有当线芯尺寸不能制备哑铃试件时才使用管状试件。

将试样抽出导体,切成约100mm长的小段。去除所有外护层,注意不要损伤绝缘。每一个管状试件均标上记号,以识别取自哪个试样及其在试样上的相关位置。

拉力试验前,在每个管状试件的中间部位标上两个标记,间距为20mm。

导体抽出后,将隔离层(如有的话)除去。如果隔离层仍保持在管状试件内,那么在拉力试验过程中试样拉伸时会发现时间不规整。如发生上述情况,该试验结果作废。

截面积计算

在试样中间处截取一个试件,然后用下述测量方法中的一种测量其截面积。如有疑问使用第2种方法。

第1种方法:根据截面积尺寸计算,按公式(2-1)。

$$A = \pi(D-d)d \tag{2-1}$$

式中　d——绝缘厚度平均值(mm),按上面绝缘厚度测量方法测量并修约到小数点后两位;

D——管状试件外径的平均值(mm),按上面外形尺寸测量方法测量并修约到小数点后两位;

第2种方法:根据密度、质量和长度计算,按公式(2-2)。

$$A = 1000m/(d \times L) \tag{2-2}$$

式中 m——试样的质量(g),到小数点后三位;

L——长度(mm),到小数点后一位;

d——密度(g/cm^2),按GB/T 2951.3—1997第8章在同一绝缘样段(未老化)的另一试样上测量,到小数点后三位。

第3种方法:根据体积和长度计算,按公式(2-3)。

$$A = V/L \tag{2-3}$$

式中 V——体积(mm^3),到小数点后两位;

L——长度(mm),到小数点后一位。

可用将试样浸入酒精中的方法测量体积V,将试样浸入酒精时,应小心避免在试样上产生气泡。

对需老化的试件,截面积应在老化处理前测量。但绝缘带导体一起老化的试件除外。

(4)老化检测试样制备

①试验仪器:自然通风烘箱和压力通风烘箱。空气进入烘箱的方式应使空气流过试件表面,然后从烘箱顶部附近排出。在规定的老化温度下,烘箱内全部空气更换次数每小时应不少于8次,也不多于20次。烘箱内不应使用鼓风机。

②不带导体的绝缘材料试件和护套试件老化

老化应在环境空气组分和压力的大气中进行。

按前文所述(同老化前试件)准备的试件应垂直悬挂在烘箱的中部。每一个试件与其他任何试件距离至少20mm。

试件在烘箱中的温度和时间按有关电缆产品标准的规定。

组分实质上不同的材料不应同时进行试验。

老化检测结束后,应从箱内取出试件,并在环境温度下放置至少16h,避免阳光直射。然后对试件进行拉力试验。

③带导体的绝缘材料试件和护套试件老化

带缩小直径的实心无镀层导体的管状试件的老化。

按前文要求(同老化前试件)制备5个试件后,在管状试件中重新插入一根直径比原导体小10%的无镀层实心导体,该导体可以通过拉伸原导体的方法获得或直接用小直径导体。

将这些试件按不带导体的绝缘材料试件和护套试件老化的规定进行老化,老化后将导体从管状试件中抽出。管状试件的截面积按前文要求进行测定,然后进行拉力试验。

(5)不延燃试验

试样应是一根长600±25mm的成品电线或电缆。

试验前,试样应在23±5℃、相对湿度(50±20)%的条件下处理至少16h。如果绝缘电线或电缆表面有涂料或清漆涂层时,试样应在60±2℃温度下放置4h,然后再进行上述处理。

完成试样制备和处理后,就可以进行各项目的检测了。

四、检测步聚

1.结构检查

(1)标志检查

①技术要求

电线电缆包装应附有产品型号、规格、标准号、厂名和产地的标志，即产品合格证。

电线电缆上应有制造厂名、产品型号和标准号额定电压的连续标志，所有标志字迹应清晰、颜色应易于辨认（导体温度超过70℃时使用的电缆，其识别标志可用型号或最高温度表示）。

一个完整的标志的末端与下一个标志的始端之间的距离在绝缘层上应不超过200mm；在护套上应不超过500mm。

电线电缆上的标记还应具有耐擦性。

②检测方法与结果判定（试验方法按 GB/T 5023.1—2008 要求进行）

用直尺测量电线电缆上印字间距，如果符合要求则为合格，超过则判为不合格。

耐擦性检测应用浸过水的一团脱脂棉或一块棉布轻轻擦拭线上的印字，共擦10次，经擦拭后，印字清晰易于辨认为合格，否则判为不合格。

（2）导体结构检查

①技术要求

导体应是退火铜丝。

软导体中单线最大直径（除铜皮软线外）和硬导体中单线最少根数应符合 GB/T3956—1997 的规定（见附录D）。

②检测方法与结果判定

目测：该检测是复核性的，只将结果记录，不做判定。

2. 线芯直径

（1）检测仪器

读数显微镜或放大倍数至少为10倍的投影仪，精度0.01mm。

（2）技术要求（以产品要求为准，见表2－11）

标准 GB/T 3956—1997 中部分线芯直径　　**表2－11**

电线电缆标称截面（mm^2）		1.0	1.5	2.5	4.0	6.0	10.0	16.0
线芯直径（mm^2）	实心（第1种）	1.2	1.5	1.9	2.4	2.9	3.7	4.6
	绞合（第2种）	1.4	1.7	2.2	2.7	3.3	4.2	5.3
	软导体（第5、6种）	1.5	1.8	2.6	3.2	3.9	5.1	6.3

说明：该标准为圆铜导体标准。

（3）检测方法（试验方法按 GB/T 5023.1—2008 进行）

将已经制备好的3根30mm长的铜芯取出，分别放置于仪器观测面上，观测一个面以后，再旋转90°，观测另一个面。3个铜芯共观测6个数值，并将结果记录。要求结果精确到小数点后两位，修约采用四舍五入。

（4）数据处理和结果判定

取观测的6个数值的算术平均数，结果判定时保留1位小数，数据修约采用四舍五入。

最后结果与标准中的最大值比较，小于等于为合格，大于判为不合格。

（5）操作注意事项

线芯直径只规定了上限，而没有规定下限，所以说并不是线芯越粗越好。

3. 绝缘厚度（最小厚度）

（1）检测仪器

读数显微镜或放大倍数至少为10倍的投影仪，精度0.01mm。当测量绝缘厚度小于0.5mm时，则小数点后第三位为估计读数（有争议时采用读数显微镜作为基准方法）。

(2)技术要求(以产品标准为准,见表2-12)

标准 GB/T 5023.3—1997 中部分绝缘厚度与最薄点厚度　　表2-12

60227IEC01(BV)型电缆			
标称截面(mm^2)	导体种类	绝缘厚度规定值(mm)	绝缘最薄点厚度(mm)
1.5	1	0.7	0.53
1.5	2	0.7	0.53
2.5	1	0.8	0.62
2.5	2	0.8	0.62
4.0	1	0.8	0.62
4.0	2	0.8	0.62
6.0	1	0.8	0.62
6.0	2	0.8	0.62

(3)检测方法(试验方法按 GB/T 5023.2—2008 第1.9进行)

从已经制备好的3个绝缘薄片,分别放置于仪器的测量装置工作面上,切割面与光轴垂直。从目测最薄点开始测量,读取数值;转动60°,再读取一个数字;一共转动5次,读取6个数值为一组,共读取三组。若绝缘厚度不小于0.5mm,应读取两位小数;若绝缘厚度小于0.5mm,应读取三位小数。将所有数值记录。

(4)数据处理和结果判定

取每组数值的算术平均数,修约到小数点后两位,可作为中间参数带入机械性能检测时进行计算(试件截面积计算)。

结果判定时取三组18个值的算术平均数,数据修约采用四舍五入。

最后结果与标准值比较,不小于该标准为合格,小于为不合格。

所测全部数值的最小值作为绝缘厚度的最小厚度(最薄厚度)。最小厚度(最薄厚度)应不小于绝缘厚度规定值90% -0.1mm。

(5)操作注意事项

检测时,应从目测最薄点开始测量。

如果绝缘试件包括压印标记凹痕,则该处绝缘厚度不应用来计算平均厚度。但在任何情况下,压印标记凹痕处的绝缘厚度应符合有关电缆产品标准中规定的最小值。

4.外形尺寸测量

(1)检测仪器

电缆软线和电缆的外径不超过25mm时,用测微计、投影仪或类似的仪器在相互垂直的两个方向上分别测量;外径超过25mm时,应用测量带测量其圆周长,然后计算直径,也可使用可直接读数的测量带测量。例行试验允许用刻度千分尺或游标卡尺测量,测量时应尽量减小接触压力。

(2)技术要求(以产品标准为准,见表2-13)

标准 GB/T 5023.3—2008 中部分外型尺寸　　表2-13

60227IEC01(BV)型电缆			
标称截面(mm^2)	导体种类	平均外径下限(mm)	平均外径上限(mm)
1.5	1	2.6	3.2
1.5	2	2.7	3.3

续表

60227IEC01(BV)型电缆			
标称截面(mm^2)	导体种类	平均外径下限(mm)	平均外径上限(mm)
2.5	1	3.2	3.9
2.5	2	3.3	4.0
4.0	1	3.6	4.4
4.0	2	3.8	4.6
6.0	1	4.1	5.0
6.0	2	4.3	5.2
10.0	1	5.3	6.4
10.0	2	5.6	6.7
16	2	6.4	7.8

(3)检测方法(试验方法按 GB/T 5023.2—2008 第 1.11 进行)

将 3 个绝缘薄片再分别放置于低倍投影仪的测量装置工作面上;任意取其中的一个直径,读取一个数字;转动 90°,再读取一个数字;三个薄片共读取六个数值,除非有关电缆产品标准中另有规定,尺寸为 25mm 及以下者,读数应精确至小数点后两位,大于 25mm 以上者,读数至小数点后一位,将所有数值记录。

(4)数据处理和结果判定

外形尺寸取 6 个数值的算术平均数,保留到小数点后两位;结果判定时保留位数同产品标准,数据修约采用四舍五入。(进行机械性能试验时,每个试件的厚度平均值应按该试件上测得的所有测量值计算)

最后结果与标准值比较,小于等于该标准为合格,大于为不合格。

5. 电压试验

(1)检测仪器:交流高压检测台

(2)对试验电压的要求

电压波形:试验电压应为频率 49 ~ 61Hz 的交流电压,通常成为工频试验电压;试验电压的波形为两个半波相同的近似正弦波,且峰值与方均根(有效)值之比应为 Γ2 ± 0.07,如满足这些要求,则认为高压试验的结果不受波形畸变的影响;

容许偏差:在整个试验过程中,试验电压的测量值应保持在规定电压值 ± 3% 内。

试验电压的产生一般要求:除了用试验变压器产生所需的试验电压外,根据电线电缆产品具有较大电容的特点,也可采用串联谐振回路产生试验电压。试验回路的电压应稳定,不受各种泄漏电流的影响。试验的非破坏性放电不应使试验电压有明显的降低,以至影响试验破坏性放电时的电压测量。

试验电压的测量:用 GB/T 16927.2—1997 规定认可的测量装置进行测量。

(3)检测方法(试验方法按 GB/T 5023.2—2008 第 2.2 进行)

试验应在 20 ± 5℃ 温度的水中进行。试验时,试样的温度与周围环境温度之差不超过 ± 3℃。

将绕好待检的 5000mm 长的线圈两头拨去绝缘和护套露出导体后,放置于高压水池中。注入水,注意线圈两端露出水面不少于 200mm;线圈在水中浸泡 1h;电压检测要注意安全;将高压一头夹在露出的导体上;接通电源按产品标准要求缓慢施加电压。

对试样施加电压时,应当从足够低的数值(不应超过产品标准规定试验电压值的 40%)开始,以防止操作瞬变过程而引起的过电压影响；然后应缓慢的升高电压，以便能在仪表上准确读数，但也不能升的太慢，以免造成在接近试验电压时耐压时间过长。当施加电压超过75%的试验电压后，只要以每秒2%的频率升压，一般可满足上述要求。应保持试验电压到规定时间后，降低电压，直至低于所规定的试验电压的40%，然后再切断电源，以免可能出现瞬变过程而导致故障或造成不正确的试验结果。

试验记录中应详细记录下列内容：试验类型；试样编号、试样型号、规格；试验日期，大气条件；施加电压的数值和时间；试验中的异常现象处理和判断；检测设备及校准有效期。

（4）数据处理和结果判定

如果高压5min没有击穿，则为合格；如果击穿，则为不合格，那么紧跟其后的绝缘电阻检测不用做了，如果合格，则取出样品放置于盘中，等待绝缘电阻测试，并将检测结果记录。

（5）操作注意事项

试验回路应有快速保护装置，以保证当试样击穿或试样终端发生沿其表面闪络放电或内部击穿时能迅速切断试验电源；

试验设备、测量系统和试样的高压端与周围接地体之间应保持足够的安全距离，以防止产生空气放电。试验区域周围应有接地电极，接地电阻应小于4Ω，试验装置的接地端和试样的接地端或附加电极均应与接地电极可靠连接；

试验中如发生异常现象，应判断是否属于“假击穿”。假击穿现象应予以排除，并重新试验。只有当试样不可能再次耐受相同电压值的试验时，则应认为试样已击穿；

如果试验过程中，试样的试验终端发生沿其表面闪络放电或内部击穿，允许另做试验终端，并重复进行试验；

试验过程中因故停电后继续试验，除产品标准另有规定外，应重新计时。

6. 绝缘电阻

（1）检测仪器：高阻计

测试电缆的绝缘电阻方法有直流比较法和电压－电流法，其测量范围为：直流比较法105－2×1015Ω；电压－电流法104－2×1016Ω；测量电压一般为100～500V。

电压－电流法如被测电压和电流在同一台仪器直接以电阻表示，则称之为“高阻计法”。

（2）试验温度

除电缆产品标准中另有规定外，形式试验测量应在温度范围为20±5℃和空气相对湿度不大于80%的室内或水中进行；例行试验时，测量应在温度范围为0～35℃的室内进行。工作温度下绝缘电阻的试验温度应在有关标准中规定，温度的误差应不超过±2%。有争议时的环境温度与工作温度误差应不超过±1%。

试样应在环境温度中放置足够长的时间，使试样温度和试验温度平衡，并保持稳定。

（3）技术要求（以产品标准为准，见表2－14）

标准 GB/T 5023.3—2008 中部分绝缘电阻值　　表2－14

60227IEC01(BV)型电缆		
标称截面（mm^2）	导体种类	70℃时最小绝缘电阻（MΩ×km）
1.5	1	0.011
1.5	2	0.010
2.5	1	0.010
2.5	2	0.009

续表

60227IEC01(BV)型电缆		
标称截面(mm^2)	导体种类	70℃时最小绝缘电阻(MΩ×km)
4.0	1	0.0085
4.0	2	0.0077
6.0	1	0.0070
6.0	2	0.0065
10.0	1	0.0070
10.0	2	0.0065
16	2	0.0050

(4)检测方法(试验方法按GB/T 5023.2—2008第2.4进行)

该检测必须紧接着电压检测后面做。

试样长度要求5000mm。浸入水中试验时,试样两个端头露出水面的长度应不小于250mm,绝缘部分露出的长度应不小于150mm。露出的绝缘表面应保持干燥和洁净。

将绝缘电阻水箱注满,温控开关打开,设置为70℃。将试样放于70℃水箱中。试样的有效长度误差应不超过1%。线圈在70℃的水中浸泡2h;在此过程中将线圈轻轻抖动,除去线圈上的气泡;然后开始检测,在导体和水之间施加80~500V的直流电压,在施加电压1min后测量。

试验记录中应详细记录下列内容:试验类型;试样编号、试样型号、规格;试样制备方式;测试方法和测试电压;试验日期、测量时的温度;测量结果;测试仪器及校准有效日期。

(5)数据处理及结果判定

将结果换算成1km的值,结果判定时保留位数同产品标准,数据修约采用四舍五入。

最后结果与标准值比较,不小于为合格,小于为不合格。

(6)操作注意事项

①该检测必须紧接着电压检测后面做;

②水温度达到70℃时再放入被检测电线;

③在浸泡过程中应轻轻抖动电线,除去线圈上的水泡;

④为使绝缘电阻测量值基本稳定,测试充电时间应足够充分,不少于1min,不超过5min,通常推荐1min读数。

7.导体电阻

(1)检测仪器:电桥;双臂电桥(2×10-5-99.9)Ω;单臂电器1~100Ω及以上。

电桥可以是携带电桥或试验室专用的固定式电桥(试验室专用的固定式电桥及附件的接线与安装应按仪器技术说明书进行)。

测量误差:型式试验时的电阻测量误差应不超过±0.5%;例行试验时的电阻测量误差应不超过±2%。

(2)检测温度

试验环境温度

型式试验时,试样应在温度为15~25℃和空气湿度不大于85%的试验环境中放置足够长的时间,在试样放置和试验过程中,环境温度的变化应不超过±1℃。(应使用最小刻度为0.1℃的温度计测量环境温度,温度计距离地面应不小于1m,距离墙面应不小于10cm,距离试样应不超过1m,且二者应大致在同一高度,并应避免受到热辐射和空气对流的影响)

例行试验时,试样应在温度为 5 ~ 35℃的试验环境中放置足够长的时间,使之达到温度平衡。测试结果按公式进行电阻值换算。

环境温度宜为 20℃。

(3)技术要求(表 2 - 15)

标准 GB/T **3956—1997** 中部分导体电阻 **表 2 - 15**

电线电缆标称截面(mm^2)		1.0	1.5	2.5	4.0	6.0	10	16
20℃时导体最大电阻(Ω/km)	实心(第 1 种)	18.1	12.1	7.41	4.61	3.08	1.83	1.15
	绞合(第 2 种)	18.1	12.1	7.41	4.61	3.08	1.83	1.15
	软导体(第 5 种)	19.5	13.3	7.98	4.95	3.30	1.91	1.21
	软导体(第 6 种)	19.5	13.3	7.98	4.95	3.30	1.91	1.21

说明:该标准为不镀金属的圆铜导体标准。

(4)检测方法(试验方法按 GB/T5023.2—2008 第 2.1 进行)

本方法不适用于测量已安装的电线电缆的直流电阻。

取出从被测电线上切取长度不小于 1000mm(一般为 1200mm)的试样。去除试样外表面绝缘、护套或其他覆盖物,也可以只去除试样两端与测量系统连接部位的覆盖物,露出导体。(去除覆盖物时要小心进行,防止损伤导体)

试样拉直:如果需要将试样拉直,不应有任何导致试样导体横截面积发生变化的扭曲,也不应导致试样导体伸长。

试样表面处理:试样在接入测量系统前,应预先清洁其连接部位的导体表面,去除附着物、污秽和油垢。连接处表面的氧化层应尽可能除尽。如用试剂处理后,必须用水充分清洗以清除试剂的残留液。对于阻水型导体试样,应采用低熔点合金浇注。

试样长度:应在单臂电桥的夹头或双臂电桥的一对电位夹头之间的试样上测量试样长度。形式试样时测量误差应不超过 ±0.15%,例行试样时测量误差应不超过 ±0.5%。

按仪器仪表说明书要求的使用方法开始检测。

试验记录中应详细记录下列内容:试验类型、试样编号、试样型号、规格、试验日期、测量时的温度、试样的各次电阻值、平均值;测量结果、测试仪器及校准有效日期。

(5)数据处理和结果判定

根据导体电阻公式进行数据处理

$$R = R_t \times 254.5 \times 1000 / [(234.5 + t) \times L] \quad (2-4)$$

式中 R ——20℃时的导体电阻(Ω/km);

R_t ——在 t℃度时的导体电阻(Ω);

t ——为测量时样本温度,在这里可以等于室温(℃),最小读数为 0.5℃;

L ——试样长度(m)。

导体电阻结果保留到小数点后两位,结果判定时保留位数同产品标准,数据修约采用四舍五入。

最后结果与标准值比较,小于等于为合格,大于为不合格。

(6)操作注意事项

①试样拉直符合要求;

②试样长度测量符合要求;

③检测温度最好在 20℃。

8. 老化前拉力(抗张强度、断裂伸长率)

（1）检测仪器：拉力试验机（精度为 1N）

（2）技术要求（以产品标准为准，见表 2－16）

标准 GB/T 5023.1—2008 中部分抗张强度和断裂伸长率　　表 2－16

		抗张强度（MPa）	断裂伸长率（%）
混合物代号	PVC/C	12.5	125
	PVC/D	10.0	125
	PVC/E	15.0	150

（3）检测方法（试验方法按 GB 2951.11—2008 第 9.1 进行）

拉力试验前，所有试样应在 23 ±5℃温度下存放至少 3h。避免阳光直射，但热塑性材料试件存放的温度为 23 ±2℃。

如有疑问，则在试样制备前，所有材料或试条应在 70 ±2℃温度下（如有关产品标准没有规定其他的处理温度）放置 24h。

处理温度应不超过导体的最高工作温度。这一处理过程应在测量试件尺寸之前进行。

试验温度：试验应在 23 ±5℃温度下进行。对热塑性材料有疑问时，试验应在 23 ±2℃温度下进行。

拉力试验机的夹头可以是自紧式夹头，也可以是非自紧式夹头。

夹头中间总间距约为：大哑铃试件：50mm；小哑铃试件：34mm。用自紧式夹头试验时，管状试件：50mm；用非自紧式夹头试验时，管状试件：85mm。

夹头移动速度：夹头移动速度应为 250 ±50mm/min（PE 和 PP 绝缘除外），有疑问时，移动速度应为 25 ±5mm/min。PE 和 PP 绝缘，或含有这些材料的绝缘，其移动速度应为 25 ±5mm/min，但在进行例行试验时，允许移动速度为 250 ±50mm/min。

测量：试验期间测量并记录最大力。同时在同一试件上测量断裂时两个标记线之间的距离。在夹头处拉断的任何试件的试验结果均应作废。在这种情况下，计算抗张强度和断裂伸长率至少需要 4 个有效数据，否则检测重做。

（4）数据处理和结果判定

抗张强度按公式计算：

$$P = N/S \tag{2-5}$$

式中　P——为所求的抗张强度（N/mm^2）；

N——拉断力，是拉力机所读取的数值（N）；

S——试样截面积（mm^2）。

结果判定时，抗张强度取测量数据的中间值，保留 1 位小数，数据修约采用四舍五入。

最后结果与标准值比较，不小于为合格，小于为不合格。

断裂伸长率按公式计算：

$$I = (L - 20) \times 100/(20 \times 100) \tag{2-6}$$

式中　I——所求的断裂伸长率（%）；

L——断裂时的拉伸长度，是尺子上所读取的读数（mm）。

结果判定时，断裂伸长率取测量数据的中间值，保留整数，修约采用四舍五入。

最后结果与标准值比较，不小于为合格，小于为不合格。

（5）操作注意事项

如果用直尺测量断裂伸长率，要注意尺子要跟随试件沿拉伸方向做线性移动。始终保持测量尺的起算点与其中的一个标记点对齐。

9.老化后拉力试验(抗张强度变化率、断裂伸长变化率)

(1)检测仪器

拉力检测机(精度为1N),烘箱(精度为1℃)

(2)检测温度

老化温度80±2℃

(3)技术要求(以产品标准为准,见表2-17)

标准GB/T 5023.1—2008部分抗张强度变化率和断裂伸长率变化 表2-17

		抗张强度变化率(%)	断裂伸长率变化率(%)
混合物代号	PVC/C	±20	±20
	PVC/D	±20	±20
	PVC/E	±25	±25

(4)检测方法(试验方法按GB 2951.12—2008第8.1.3.1进行)

需老化处理的试件应取自紧靠未老化试验用试件后面一段。老化和未老化试件拉力试验应连续进行。

老化后的线从烘箱中取出,在检测室避免阳光直射的环境温度中放置16h,再进行老化后拉力检测。检测的方法与老化前拉力检测一致,并将检测结果记录。

(5)数据处理和结果判定

老化后抗张强度和断裂伸长率数据处理和判定同老化前。

伸长率变化率按公式计算:

$$I=(I_{后}-I_{前})\times100/I_{前} \tag{2-7}$$

式中 I——断裂伸长率变化率(%);

$I_{后}$——老化后的断裂伸长率;

$I_{前}$——老化前的断裂伸长率。

结果判定时保留位数同产品标准,数据修约采用四舍五入。

抗张强度变化率按公式计算:

$$P=(P_{后}-P_{前})\times100/P_{前} \tag{2-8}$$

式中 P——所求的抗张强度变化率(%);

$P_{后}$——老化后的抗张强度;

$P_{前}$——老化前的抗张强度。

结果判定时保留整数,数据修约采用四舍五入。

随后,将结果与标准值比较,在标准值范围内为合格,大于标准值为不合格。

10.不延燃试验

(1)试验设备(设备要求按GB/T 18380.11—2008要求进行)

试验装置由三部分组成,一个金属罩,一个引燃源,一个合适的试验箱。

金属罩:要求三面是金属板,正面敞开,顶端与底部封闭;长450±25mm,宽300±25mm,高1200±25mm。

引燃源:除了使用纯度超过95%的技术级丙烷进行供火,引燃源应符合GB/T 5169.14—2007的规定,该标准提供了对试验用火焰进行认可的方法。

试验箱:金属罩和引燃源应放置在一个合适的箱子中,试验期间不通风。但可配备能除去燃烧时释放出有害气体的装置。试验箱应保持在23±10℃温度中。

(2)试验程序(试验方法按GB/T 18380.12—2008进行)

试样应被拉直，用合适的铜线固定在两个水平支架上垂直放置于试验装置中间（距离两侧面150mm，距背面225mm）。上支架底端与下支架顶端之间的距离为550 ±5mm。固定试样时应使试样下端距离底板约50mm。

点燃通过认可的喷灯，将燃气和空气调节到推荐的流量。喷灯的位置应使蓝色内锥的尖端正好触及试样表面，接触点距离水平的上支架下缘为475 ±5mm，此时喷灯与试样垂直轴线成45°夹角。

按表2－18规定的试验时间结束，移去喷灯并熄灭。

试样外径所对应的供火时间表　　**表2－18**

试样外径（mm）	供火时间（s）
$D \leqslant 25$	60 ±2
$25 < D \leqslant 50$	120 ±2
$50 < D \leqslant 75$	240 ±2
$D > 75$	480 ±2

（3）技术要求与结果判定

所有燃烧停止后，应擦干净试样。

如果原来的表面未损坏，则所有可擦得掉的烟灰可忽略不计。非金属材料的软化或任何变形可忽略不计。测量上支架下缘和炭化部分起始点之间的距离，单位为mm。

炭化部分起始点按以下办法测定：用锋利物体，比如小刀的刀口按压电缆表面，如果表面从弹性变为脆性（粉化），则表明该点即为炭化部分起始点。

如果上支架下缘与炭化部分起始点之间的距离大于50mm，则电线电缆通过本试验。另外，如果燃烧向下延伸至距离上支架下缘大于540mm，应判为不合格。

如果试验不合格，则应再进行两次试验，如果两次试验结果均通过，则应认为该电线电缆通过本试验。

（4）注意事项

试验时应采取保护措施以防止操作人员免遭下列伤害：火灾或者爆炸危险；烟雾和/或有害产物的吸入；有毒残渣。

五、实例

电线电缆检测中数据处理方法都不难，只有绝缘电阻和导体电阻的数据处理稍微复杂一点。下面以一个例子来说明这两个试验的数据处理：

下面是60227IEC01（BV）2.5电线电缆的一次试验的原始记录（表2－19），请对其进行数据处理。

原始记录　　**表2－19**

导体电阻	$R_{t1} = 0.700 \times 10^{-2}$（Ω/m）	温度（t_1）	21.0℃
绝缘电阻	$R_{t2} = 3.34 \times 10^{7}$（5m · Ω）	温度（t_2）	70℃

解：

1. 20℃环境下导体电阻：

读取数据 0.700×10^{-2}（Ω/m），温度21℃，带入公式：

$$R = R_t \times 254.5 \times 1000/(234.5 + t) \times L$$

$$= 0.700 \times 10^{-2} \times 254.5 \times 1000/(234.5 + 21) \times 1$$

$=6.973$

结果判定时保留2位小数,数据修约采用四舍五入,在这里为6.97Ω/km。

2. 70℃环境下绝缘电阻:

仪器上读取3.34×10^{7}(5m·Ω),将结果换算成单位为km·MΩ的值,

$R=3.34\times10^{7}/(2\times10^{8})=0.167$

结果判定时保留3位小数,数据修约采用四舍五入,在这里为0.167MΩ/km。

思考题

1. 什么是中间值?

2. 什么是断裂伸长率?

3. 简述电线电缆燃烧性能试验的步骤。

4. 简述型号为60227IEC01(BV)额定电压为450/750V的一般用途单芯硬导体无护套电缆的绝缘电阻试验和电压试验。

5. 简述型号为60227IEC01(BV)的一般用途单芯硬导体无护套电缆的导体电阻试验和机械性能试验(拉力试验)。

6. 按GB/T 5023—1997中要求,简述检查绝缘厚度时如何进行试样制备?

7. 对电线电缆进行老化试验时,对老化试验设备有何要求?

附录 A 电线电缆型号表示法

GB/T 5023 包括的各种电缆型号用两个数字命名,放在 60227IEC 后面。第一个数字表示电缆的基本分类;第二个数字表示在基本分类中的特定形式。

分类和型号如下:

0——固定布线用无护套电缆

01——一般用途单芯硬导体无护套电缆(60227IEC01)

02——一般用途单芯软导体无护套电缆(60227IEC02)

05——内部布线用导体温度为70℃的单芯实心导体无护套电缆(60227IEC05)

06——内部布线用导体温度为70℃的单芯软导体无护套电缆(60227IEC06)

07——内部布线用导体温度为90℃的单芯实心导体无护套电缆(60227IEC07)

08——内部布线用导体温度为90℃的单芯软导体无护套电缆(60227IEC08)

1——固定布线用护套电缆

10——软型聚氯乙烯护套电缆(60227IEC08)

4——轻型无护套软电缆

41——扁形铜皮软线(60227IEC41)

42——扁形无护套软线(60227IEC42)

43——户内装饰照明回路用软线(60227IEC43)

5——一般用途护套软电缆

52——轻型聚氯乙烯护套软线(60227IEC52)

53——普通聚氯乙烯护套软线(60227IEC53)

7——特殊用途护套软电缆

71c——圆形聚氯乙烯护套电梯电缆和挠性连接用电缆(60227IEC71c)

71f——扁形聚氯乙烯护套电梯电缆和挠性连接用电缆(60227IEC71f)

74——耐油聚氯乙稀护套屏蔽软电缆(60227IEC74)

75——耐油聚氯乙烯护套非屏蔽软电缆(60227IEC75)

附录 B GB/T 5023.1~5023.3—85 标准产品型号表示法及与 GB/T 50230—2008 产品型号的对照

GB/T 5023.1~5023.3—85 及 GB/T 5023.4、5023.5—86 产品型号中各字母代表意义

1. 按用途分

固定敷设用电缆(电线)------------------B

连接用软电缆(软线)------------------R

电梯电缆----------------------T

装饰照明用软线--------------------S

2. 按材料特征分

铜导体-----------------------省略

铜皮铜导体----------------------TP

绝缘聚氯乙烯---------------------V

护套聚氯乙烯---------------------V

护套耐磨聚氯乙烯 ------------------- VY

3. 按结构特特征分

圆形 ---------------------- 省略

扁形(平型) -------------------- B

双绞型 --------------------- S

屏蔽形 --------------------- P

软结构 --------------------- R

4. 按耐热特性分

70℃ ---------------------- 省略

90℃ ---------------------- 90

5. 2008 标准和 85 标准型号对照如表 2 - 20。

聚氯乙烯绝缘电缆型号对照表 **表 2 - 20**

序号	名称	GB/T5023—2008	GB/T5023—85
1	一般用途单芯硬导体无护套电缆	60227IEC01	BV
2	一般用途单芯导体无护套电缆	60227IEC02	RV
3	内部布线用导体温度为70℃的单芯实心导体无护套电缆	60227IEC05	BV
4	内部布线用导体温度为70℃的单芯软导体无护套电缆	60227IEC06	RV
5	内部布线用导体温度为90℃的单芯实心导体无护套电缆	60227IEC07	BV - 90
6	内部布线用导体温度为90℃的单芯软导体无护套电缆	60227IEC08	RV - 90
7	轻型聚氯乙烯护套电缆	60227IEC10	BVV
8	扁形铜皮软线	60227IEC41	RTPVR
9	扁形无护套软线	60227IEC42	RVB
10	户内装饰照明回路用软线	60227IEC43	SVR
11	轻型聚氯乙烯护套软线	60227IEC52	RVV
12	普通聚氯乙烯护套软线	60227IEC53	RVV

附录 C 导体种类

第 1 种和第 2 种预定用于固定敷设电缆的导体。第 1 种为实心导体(表 2 - 21),第 2 种为绞合导体(表 2 - 22)。

第 5 种(表 2 - 23)和第 6 种(表 2 - 24)预定用于软电缆和软线的导体,第 6 种比第 5 种更柔软。

单芯和多芯电缆用第 1 种实心导体 **表 2 - 21**

标称截面 (mm²)	20℃时导体最大电阻(Ω/km)		
	圆铜导体		圆或成型铝导体
	不镀金属	镀金属	
0.5	36.0	36.7	–
0.75	24.5	24.8	–
1	18.1	18.2	–
1.5	12.1	12.2	18.1#
2.5	7.41	7.56	12.1#

续表

标称截面（mm^2）	20℃时导体最大电阻（Ω/km）		
	圆铜导体		圆或成型铝导体
	不镀金属	镀金属	
4	4.61	4.70	7.41#
6	3.08	3.11	4.61#
10	1.83	1.84	3.08#
16	1.15	1.16	1.92#
25	0.727 *	–	1.20
35	0.524 *	–	0.868
50	0.387 *	–	0.641
70	0.268 *	–	0.443
95	0.193 *	–	0.320
120	0.153 *	–	0.253
150	0.124 *	–	0.206
185	–	–	0.164
240	–	–	0.125
300	–	–	0.100

注：1. * 标称截面 25mm^2 及以上的实心铜导体仅预定用于特种电缆，而不适用于一般用途的电缆。

2. #1.5mm^2 到 16mm^2 只有圆铝导体。

单芯和多芯电缆用第 2 种绞合导体　　**表 2-22**

标称截面（mm^2）	导体中单线最少根数						20℃时导体最大电阻（Ω/km）		
	非紧压圆型导体		紧压圆型导体		成型导体		圆铜导体		铝导体
	铜	铝	铜	铝	铜	铝	不镀金属	镀金属	
0.5	7	–	–	–	–	–	36.0	36.7	–
0.75	7	–	–	–	–	–	24.5	24.8	–
1	7	–	6	–	–	–	18.1	18.2	–
1.5	7	–	6	–	–	–	12.1	12.2	–
2.5	7	–	6	–	–	–	7.41	7.56	–
4	7	7 *	6	–	–	–	4.61	4.70	7.41
6	7	7 *	6	–	–	–	3.08	3.11	4.61
10	7	7	6	–	–	–	1.83	1.84	3.08
16	7	7	6	6	–	–	1.15	1.16	1.91
25	7	7	6	6	6	6	0.727	0.734	1.20
35	7	7	6	6	6	6	0.524	0.529	0.868
50	19	19	6	6	6	6	0.387	0.391	0.641
70	19	19	12	12	12	12	0.268	0.270	0.443

续表

标称截面（mm^2）	导体中单线最少根数						20℃时导体最大电阻（Ω/km）		
	非紧压圆型导体		紧压圆型导体		成型导体		圆铜导体		铝导体
	铜	铝	铜	铝	铜	铝	不镀金属	镀金属	
95	19	19	15	15	15	15	0.193	0.195	0.320
120	37	37	18	15	18	15	0.153	0.054	0.253
150	37	37	18	15	18	15	0.124	0.126	0.206
185	37	37	30	30	30	30	0.0991	0.100	0.164
240	61	61	34	30	34	30	0.0754	0.0762	0.125
300	61	61	34	30	34	30	0.0601	0.0607	0.100
400	61	61	53	53	53	53	0.0470	0.0475	0.0778
500	61	61	53	53	53	53	0.0366	0.0369	0.0605
630	91	91	53	53	53	53	0.0283	0.0286	0.0469
800	91	91	53	53	–	–	0.0221	0.0224	0.0367
1000	91	91	53	53	–	–	0.0176	0.0177	0.0291
1200	#	#	#	#	–	–	0.0151	0.0151	0.0247
（1400）	#	#	#	#	–	–	0.0129	0.0129	0.0212
1630	#	#	#	#	–	–	0.0113	0.0113	0.0186
（1800）	#	#	#	#	–	–	0.0101	0.0101	0.0165
2000	#	#	#	#	–	–	0.0090	0.0090	0.0149

注：1. 括号内的尺寸为非优选尺寸。

2. * 绞合铝导体截面一般应不小于 $10mm^2$，但如果特殊考虑 $4mm^2$ 和 $6mm^2$ 的绞合铝导体能适合某种特殊电缆及其使用场合，则也允许采用。

3. #不规定单线最少根数。

单芯和多芯电缆用第 5 种软铜导体　　表 2－23

标称截面（mm）	导体中单线最大直径（mm）	20℃时导体最大电阻（Ω/km）		标称截面（mm）	导体中单线最大直径（mm）	20℃时导体最大电阻（Ω/km）	
		不镀金属	镀金属			不镀金属	镀金属
0.6	0.21	39.0	40.1	50	0.41	0.386	0.393
0.75	0.21	26.0	26.7	70	0.51	0.272	0.277
1	0.21	19.5	20.0	95	0.51	0.206	0.210
1.5	0.26	13.3	13.7	120	0.51	0.161	0.164
2.5	0.26	7.98	8.21	150	0.51	0.129	0.132
4	0.31	4.95	5.09	185	0.51	0.106	0.108
6	0.31	3.30	3.39	240	0.51	0.0801	0.0817
10	0.41	1.91	1.95	300	0.51	0.0641	0.0654
16	0.41	1.21	1.24	400	0.51	0.0495	0.0495
25	0.41	0.780	0.795	500	0.61	0.0391	0.0391
35	0.41	0.554	0.565	630	0.61	0.0287	0.0292

单芯和多芯电缆用第6种软铜导体 表2-24

标称截面(mm)	导体中单线最大直径(mm)	20℃时导体最大电阻(Ω/km)		标称截面(mm)	导体中单线最大直径(mm)	20℃时导体最大电阻(Ω/km)	
		不镀金属	镀金属			不镀金属	镀金属
0.6	0.16	39.0	40.1	35	0.21	0.554	0.565
0.75	0.16	26.0	26.7	50	0.31	0.386	0.393
1	0.16	19.5	20.0	70	0.31	0.272	0.277
1.5	0.16	13.3	13.7	95	0.31	0.206	0.210
2.5	0.16	7.98	8.21	120	0.31	0.161	0.164
4	0.16	4.95	5.09	150	0.31	0.129	0.132
6	0.21	3.30	3.39	185	0.41	0.106	0.108
10	0.21	1.91	1.95	240	0.41	0.0810	0.0817
16	0.21	1.21	1.24	300	0.41	0.0641	0.0654
25	0.21	0.780	0.795				

第五节 排水管材(件)

一、基本概念

建筑排水用管材(件)以塑料管为主,其品种主要有建筑排水用硬聚氯乙烯(PVC-U)管材及管件;芯层发泡硬聚氯乙烯(PVC-U)管材及管件;硬聚氯乙烯(PVC-U)内螺旋管材及管件等,用于正常排放水温不大于40℃、瞬时水温不大于80℃的建筑物内生活污水。本节主要介绍建筑排水用硬聚氯乙烯(PVC-U)管材(标准代号GB/T 5836.1—2006)及管件(标准代号GB/T 5836.2—2006)的有关性能及其试验方法。

建筑排水用硬聚氯乙烯(PVC-U)管材,是以聚氯乙烯(PVC)树脂为主要原料,加入必需的添加剂,经挤出成型工艺制成的管材。生产管材的原料为硬聚氯乙烯(PVC)混配料,混配料应以聚氯乙烯(PVC)树脂为主,其质量百分含量不宜低于80%,加入的添加剂应分散均匀。管材的技术要求见表2-25。

建筑排水用硬聚氯乙烯(PVC-U)管件,是以聚氯乙烯(PVC)树脂为主要原料,加入必需的添加剂,经注塑成型的。生产管件的原料为硬聚氯乙烯(PVC)混配料,混配料应以聚氯乙烯(PVC)树脂为主,其质量百分含量不宜低于85%,加入的添加剂应分散均匀。管件的技术要求见表2-26。

建筑排水用硬聚氯乙烯(PVC-U)管材、管件适用于建筑物内排水。在考虑到材料耐化学性和耐热性的条件下,也可用于工业排水。按连接形式不同分为胶粘剂连接型和弹性密封圈连接型两种。

管材技术要求 表2-25

项目	技术要求
颜色	管材一般为灰色,其他颜色可供需双方协商确定
外观	管材内外壁应光滑、平整,不允许有气泡、裂口和明显的痕纹、凹陷、色泽不均匀及分解变色线。管材两端面应切割平整并与轴线垂直

续表

项目		技术要求
规格尺寸	平均外径、壁厚	公称外径 32mm 至 315mm 共 11 种规格，平均外径和壁厚应符合 GB/T 5836.1—2006 表 1 规定
	长度	一般为 4m 或 6m，其他长度由供需双方协商确定，管材长度不允许有负偏差
	不圆度	应不大于 $0.024d_n$，不圆度测定应在管材出厂前进行
	弯曲度	应不大于 0.50%
	承口尺寸	应符合 GB/T 5836.1—2006 表 2、表 3 的规定
物理力学性能	密度/(kg/m³)	1350～1550
	维卡软化温度(VST)/℃	≥79
	纵向回缩率/(%)	≤5
	二氯甲烷浸渍试验	表面变化不劣于 4L
	拉伸屈服强度/MPa	≥40
	落锤冲击试验 TIR	TIR≤10%
系统适用性	水密性	无渗漏
	气密性	无渗漏

管件技术要求 **表 2-26**

项目		技术要求
颜色		一般为灰色和白色，其他颜色可供需双方商定
外观		管件内外壁应光滑、平整，不允许有气泡、裂口和明显的痕纹、凹陷、色泽不均及分解变色线。管件应完整无缺损，浇口及溢边应修除平整
规格尺寸	壁厚	符合标准 GB/T 5836.2—2006 中 6.3.1 有关规定
	承插口直径和长度	符合标准 GB/T 5836.2—2006 中 6.3.2 有关规定
	基本类型及安装长度	符合标准 GB/T 5836.2—2006 中附录 A 有关规定
物理力学性能	密度/(kg/m³)	1350～1550
	维卡软化温度(VST)/℃	≥74
	烘箱试验	符合 GB/T 8803—2001 的规定
	坠落试验	无破裂
系统适用性	水密性	无渗漏
	气密性	无渗漏

二、检测依据

1.《塑料试样状态调节和试验的标准环境》(GB/T 2918—1998)；

2.《建筑排水用硬聚氯乙烯管材》(GB/T 5836.1—2006)；

3.《建筑排水用硬聚氯乙烯管件》(GB/T 5836.2—2006)；

4.《塑料管材尺寸测量方法》(GB/T 8806—2008)；

5.《硬质塑料管材弯曲度测量方法》(GB/T2803—2006)；

6.《热塑性塑料管材　拉伸性能测定第1部分：试验方法总则》（GB/T 8804.1—2003）；

7.《热塑性塑料管材　拉伸性能测定　第2部分：硬聚氯乙烯（PVC－U）、氯化聚乙烯（PVC－C）和高抗冲聚氯乙烯（PVC－HI）管材》（GB/T 8804.2—2003）；

8.《热塑性塑料管材纵向回缩率的测定》（GB/T 6671—2001）；

9.《热塑性塑料管材、管件维卡软化温度的测定》（GB/T 8802—2001）；

10.《热塑性塑料管材耐冲击性能试验方法　时针旋转法》（GB/T 14152—2001）；

11.《硬聚氯乙烯（PVC－U）管件坠落试验方法》（GB/T 8801—2007）；

12.《注塑成型硬质聚氯乙烯（PVC－U）、氯化聚氯乙烯（PVC－C）、丙烯腈－丁二烯－苯乙烯三元共聚物（ABS）和丙烯腈－苯乙烯－丙烯酸盐三元共聚物（ASA）管件　热烘箱试验方法》（GB/T 8803—2001）；

13.《塑料　非泡沫塑料密度的测定　第1部分：浸渍法、液体比重瓶法和滴定法》（GB/T 1033.1—2008）；

14.《硬聚氯乙烯（PVC－U）管材　二氯甲烷浸渍试验方法》（GB/T 13526—2007）。

三、仪器设备及环境

1. 检测环境

除有特殊规定外，按GB/T 2918—1998规定，在温度23±2℃条件下对试样进行状态调节24h，并在同样条件下进行试验。

2. 主要仪器设备

见表2－27。

建筑排水用硬聚氯乙烯（PVC－U）管材和管件检测用主要仪器设备　　**表2－27**

项目		主要仪器设备
颜色、外观		目测
规格尺寸	平均外径	要求详见GB/T 8806—2008中4.2.1、4.2.2条，公称直径≤600mm的管材（件），单个结果准确度0.1mm
	壁厚	要求详见GB/T 8806—2008中4.2.1、4.2.2条，壁厚≤10mm的管材（件），单个结果准确度0.03mm
	长度	长度≤1000mm的管材，单个结果准确度1mm，长度＞1000mm的管材，单个结果的准确度0.1%
	不圆度	同平均外径的测量
	弯曲度	1. 游标卡尺或最小分度值不大于0.5mm的金属直尺 2. 测量线：长度大于试样长度的细线
	承口尺寸	1. 平均外径用量具 2. 精度0.01mm内径量表 3. 精度不低于0.5mm量具（用于管材） 4. 精度不低于0.02mm量具（用于管件）
密度		1. 天平（感量0.1mg） 2. 玻璃容器及固定支架 3. 比重瓶（50mL，侧臂溢流毛细管，0～30℃、分度0.1℃的温度计） 4. 恒温水浴（温度波动不大于±0.5℃） 5. 金属丝（具有耐腐蚀性，直径不大于0.5mm） 6. 重锤（试样的密度小于浸渍液时用）

续表

项目	主要仪器设备
颜色、外观	目测
二氯甲烷浸渍试验	1. 斜面切割仪 2. 玻璃或不锈钢容器 3. 调温装置 4. 通风橱
拉伸屈服强度	1. 拉力试验机(准确度 ±1%) 2. 测厚仪(精度 0.01mm) 3. 裁刀(冲裁法制样) 4. 制样机和铣刀(机械法制样)
纵向回缩率(烘箱试验)	1. 烘箱 2. 划线器(保证两标线间距为 100mm)
维卡软化温度	维卡软化温度测定仪
落锤冲击试验	1. 落锤冲击试验机 2. 低温箱(精度 ±1℃)
坠落试验	1. 秒表(分度值 0.1s) 2. 温度计(分度值 1℃) 3. 恒温水浴(内盛冰水混合物)或低温箱:温度为 0 ±1℃
烘箱试验	烘箱(精度 ±2℃)
水密性	1. 端部密封装置 2. 液压源 3. 排气阀 4. 压力测量装置
气密性	1. 端部密封装置 2. 气压源 3. 压力测量装置 4. 进水及排水装置

四、检验规则

1. 取样

建筑排水用硬聚氯乙烯(PVC－U)管材以同一原料配方、同一工艺和同一规格连续生产的管材为一批,每批数量不超过 50t,如生产 7d 尚不足 50t,则以 7d 产量为一批。出厂检验项目为颜色、外观、规格尺寸、纵向回缩率、落锤冲击试验。颜色、外观、规格尺寸为计数检验项目,按表 2－28 抽样,在抽样合格的产品中,随机抽取足够样品,进行纵向回缩率和落锤冲击试验。型式检验是在出厂计数检验项目抽样合格的产品中随机抽取足够的样品,对力学性能和系统适用性所有项目进行检测。

建筑排水用硬聚氯乙烯(PVC－U)管件以同一原料、配方和工艺生产的同一规格管件为一批,当 d_n(公称外径)小于 75mm 时,每批数量不超过 10000 件,当 d_n(公称外径)不小于 75mm 时,每批数量不超过 5000 件。如果生产 7d 仍不足一批,则以 7d 产量为一批。出厂检验项目为颜色、外观、规格尺寸及烘箱试验、坠落试验。颜色、外观、规格尺寸为计数检验项目,按表 2－28 抽样,在抽样合格的产品中,随机抽足够的样品,进行烘箱试验、坠落试验。型式检验是在出厂计数检验项目抽样合格的产品中随机抽取足够的样品,对物理力学性能和系统适用性所有项目进行检测。

建筑排水用硬聚氯乙烯(PVC－U)管材和管件样品数量见表 2－29。

管材、管件计数检验项目样本大小与判定　　　表 2－28

批量范围 N	样本大小 n	合格判定数 A_c	不合格判定数 R_e
≤150	8	1	2
151～280	13	2	3
281～500	20	3	4
501～1200	32	5	6
1201～3200	50	7	8
3201～10000	80	10	11

建筑排水用硬聚氯乙烯(PVC－U)管材和管件样品数量　　　表 2－29

项　　目	样品数量
外观、颜色、规格尺寸	计数检验,见表 2－28
密度	1 件
二氯甲烷浸渍试验	1 件
拉伸屈服强度	d_n < 75mm:样条数 3 个;75mm≤ d_n < 450:样条数 5 个
纵向回缩率	3 个
维卡软化温度	2 个
落锤冲击试验	视管径和试样破坏情况定
坠落试验	5 个
烘箱试验	3 个
水密性	管材和/或管件连接包含至少一个弹性密封圈连接型接头的系统
气密性	

2. 结果判定

颜色、外观、规格尺寸分别依据表 2－25、表 2－26,技术要求按表 2－28 进行判定。物理力学性能中有一项达不到表 2－25、表 2－26 给出的规定指标时,则在该批中随机抽取双倍样品进行该项的复验,如仍不合格,则判该批产品为不合格批。

五、试验方法

1. 颜色、外观:用肉眼直接观察。

2. 规格尺寸

(1)平均外径:按 GB/T 8806 测量。可用以下任一种方法测定:

①用 π 尺直接测量。

②对每个选定截面上沿环向均匀间隔测量的一系列单个值计算算术平均值,按规定进行修约。(公称尺寸小于等于 40,给定截面要求单个直径测量的数量 4 个,大于 40 小于等于 600 的测 6 个,单个结果要求的准确度 0.1mm,算术平均值修约至 0.1mm)

(2)壁厚:按 GB/T 8806 测量。

①最大和最小壁厚:在选定的被测截面上移动测量量具直至找出最大和最小壁厚,并记录测量值。

②平均壁厚:在每个选定的被测截面上,沿环向均匀间隔至少 6 点进行壁厚测量;由测量值计算算术平均值,修约后作为平均壁厚。

壁厚 10mm 以下时，单个结果要求的准确度 0.03mm，算术平均值修约至 0.05mm。

(3) 长度：用精度不低于 1mm 的卷尺测量。

GB 8806 规定如下：

测定管材的总长时，应在内表面或外表面平行于管材的轴线处进行测量，且至少测量三处，均匀分布在管材的圆周上，计算算术平均修约作为管材的总长。用机械切割并能保证垂直切割的管材可以在一处测量。

如存在承口，用管材的总长减去承口部分的长度，作为管材的有效长度。

长度≤1000mm，单个结果要求的准确度 1mm，算术平均值修约至 1mm；大于 1000mm 时，单个结果要求的准确度 0.1%，算术平均值修约至 1mm。

(4) 不圆度：按 GB/T 8806 测量同一断面的最大外径和最小外径，最大外径和最小外径之差为不圆度。

最大和最小外径的测量：

按规定（按有关标准，距试样的边缘不小于 25mm 或按制造商的要求）选择被测截面，测量部件的直径；在选定的每个被测截面上移动测量量具，直至找出直径的极值并记录测量值。

公称直径小于等于 600mm 时，单个结果要求的准确度 0.1mm。

(5) 弯曲度：按 GB/T 8805 测量。

①样品制备

a. 生产后的管材在常温下至少放置 24h。

b. 试样长度：4 ±0.1m，也可根据用途不同商定调整。

c. 试样向同方向弯曲，试样两端截面应与轴线垂直。

②操作步骤

a. 将试样置于一平面上，使其滚动，当试样与平面呈最大间隙时，标记试样两端与平面接触点。然后将试样滚动 90°，使凹面面向操作者，用卷尺从试样一端贴外壁拉向另一端，测量其长度。

b. 在试样两端标记点将测量线沿长度方向水平拉紧，用游标卡尺或金属直尺测量线至和管壁的最大垂直距离，即弦到弧的最大高度（图 2－5）。

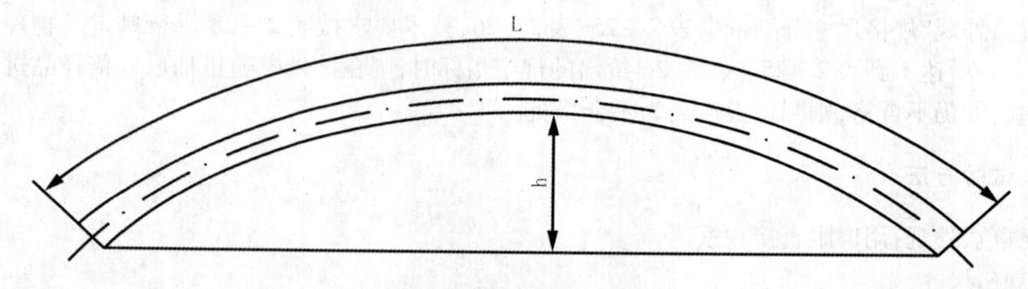

图 2－5 管材弯曲度测量

③数据处理

管材弯曲度 $R(\%)$ 按式（2－9）计算：

$$R(\%) = h/L \times 100 \tag{2-9}$$

式中 h——弦到弧的最大高度（mm）；

L——管材长度（mm）。

试验结果取至小数点后一位。

(6) 承口尺寸

承口外径尺寸测量同平均外径的测量；承口中部平均内径的测量用精度不低于 0.01mm 的内径量表测量承口中部两相互垂直的内径，计算其算术平均值；承口深度和承口配合深度用精度不低于0.5mm的量具测量。

3.密度

按GB/T 1033—1986A法(浸渍法)进行测定。GB/T 1033—1986被GB/T 1033.1—2008代替,以下介绍GB/T 1033.1—2008标准中A法(浸渍法)的有关内容。

(1)准备工作

①试样制备:试样为除粉料以外的任何无气孔材料,试样尺寸适宜,从而在样品和浸渍液容器之间产生足够的间隙,质量应至少为1g;当从较大的样品中切取试样时,应使用合适的设备以确保材料性能不发生变化。试样表面应光滑,无凹陷,以减少浸渍液中表面凹陷处可能存留的气泡,否则就会引入误差。

②浸渍液:用新鲜的蒸馏水或者去离子水,或其它适宜的液体(含有不大于0.1%的润湿剂以除去浸渍液中的气泡)。在测试过程中,试样与该液体或溶液接触时,对试样应无影响。

如果除蒸馏水以外的其他浸渍液来源可靠且附有检验证书,则不必再进行密度测试。

(2)试验步骤

①在空气中称量由一直径不大于0.5mm的金属丝悬挂的试样的质量。试样质量不大于10g,精确到0.1mg;试样质量大于10g,精确到1mg,记录试样的质量$m_{s,A}$。

②将用细金属丝悬挂的试样浸入放在固定支架上装满浸渍的烧杯里,浸渍液的温度应为23±2℃(或者27±2℃)。用细金属丝除去粘附在试样上的气泡。称量试样在浸渍液中的质量$m_{s,IL}$,精确到0.1mg。

如果在温度控制的环境中测试,整个仪器的温度,包括浸渍液的温度都应控制在23±2℃(或者27±2℃)范围内。

如果浸渍液不是水,浸渍液的密度需要用下列方法进行测定;称量比重瓶质量,然后在温度23±0.5℃(或者27±0.5℃)下,充满新鲜蒸馏水或去离子水后称量。将比重瓶倒空并清洗干燥后,同样在23±0.5℃(或者27±0.5℃)温度下充满浸渍液并称量。用液浴来调节水或浸渍液以达到合适的温度。

按式(2-10)计算23℃或27℃时浸渍液的密度:

$$\rho_{IL}=\frac{m_{IL}}{m_w}\times\rho_w \tag{2-10}$$

式中　ρ_{IL}——23℃或27℃时浸渍液的密度(g/cm³);

m_{IL}——浸渍液的质量(g);

m_w——水的质量(g);

ρ_w——23℃或27℃时水的密度(g/cm³)。

③数据处理:按式(2-11)计算23℃或27℃时试样的密度

$$\rho_s=\frac{m_{S,A}\times\rho_{IL}}{m_{S,A}-m_{S,IL}} \tag{2-11}$$

式中　ρ_s——23℃或27℃时试样的密度(g/cm³);

$m_{S,A}$——试样在空气中的质量(g)

$m_{S,IL}$——试样在浸渍液中的表观质量(g)

ρ_{IL}——23℃或27℃时浸渍液的密度(g/cm³),可由供货商提供或者规范有关条款测定出来或由式(2-10)计算得出。

对于密度小于浸渍液密度的试样,除下述操作外,其他步骤与上述方法相同。

在浸渍期间,有重锤挂在细金属丝上,随试样一起沉在液面下。在浸渍时,重锤可以看作是悬挂金属丝的一部分。在这种情况下,浸渍液对重锤产生的向上的浮力是可以允许的。试样的密度用式(2-12)来计算：

$$\rho_s = \frac{m_{S,A} \times \rho_{IL}}{m_{S,A} + m_{K,IL} - m_{s+K,IL}} \quad (2-12)$$

式中 ρ_s——23℃或27℃时试样的密度(g/cm^3)；

$m_{K,IL}$——重锤中浸渍中的表观质量(g)；

$m_{S+K,IL}$——试样加重锤液中的表观质量(g)；

$m_{S+K,IL}$——试样加重锤在浸渍液中的表观质量(g)。

对于每个试样的密度，至少进行三次测定，取平均值作为试验结果，结果保留到小数点后第三位。

4.二氯甲烷浸渍试验

按GB/T 13526—1992测定，试验温度为15±0.5℃，浸渍时间为15±1min。

GB/T 13526—1992已被GB/T 13526—2007标准替代，以下介绍GB/T 13526—2007的相关内容。

(1)原理

①将PVC-U管材切割为规定长度，根据它的壁厚将其一个端面切割为一定角度的斜面，将试样在二氯甲烷恒温水浴中浸渍30±1min来测定试样在相关产品标准规定温度下的破坏程度。

②加入蒸馏水，使其在二氯甲烷上形成一层厚的水封层，以减少蒸发达到保护作用。试样浸渍后，应置于水封层滴去试样表面的二氯甲烷浸渍液，最后干燥检查试样是否有破坏。

(2)样品制备

①从管材上截取长度为160mm的试样，切割时应垂直于管材轴线，管材试样的壁厚应大于标准中所规定的试样的最小壁厚。

②切割面应尽可能避免产生热量。将试样一个端面沿整个厚度倒成斜面，倾斜角度根据管材壁厚确定，管材壁厚$e<8$mm时，斜面角度为10°，管材壁厚8mm$\leq e \leq$16mm时，斜面角度为20°。

③为便于试验大口径管材可沿轴向切割成片条。

④在尽量不使材料发热的情况下，用直角车刀仔细地车削试样断面，然后用800号水砂纸轻轻打磨，使斜面光滑平整，再用干布仔细地将试样内外表面清理干净。

(3)浸渍条件

①将已知折光指数的二氯甲烷装入容器中，装入量应足以覆盖试样的斜面；

②加入蒸馏水，使其在二氯甲烷上形成水封层，水封层一般为250~300mm，但最少为30mm；

③用调温装置控制温度并适当搅拌，保持容器内的二氯甲烷温度在T±0.5℃，试验温度T不应低于12℃。

(4)操作步骤

①在试验过程中，宜使用钳子或带手套取放试样，避免用手直接接触试样；

②将试样置于浸渍液内，确保斜面完全浸渍在二氯甲烷中；

③保持试样在二氯甲烷中浸渍30±1min；

④试样经浸渍后，将滤网放在水封层一定的位置，让二氯甲烷液滴下10~15min；

⑤将试样从容器中取出，放在空气中或通风良好的地方和有通风系统的通风橱里干燥至少15min，直至水分全部蒸发；

⑥检查试件，如果测试试样显示无破坏(除膨胀)，结果表示“无破坏”；如果测试试样显示破坏，按GB/T 13526—2007附录A规定表示破坏结果。如果切片，则将各片试验结果累计表示。

附录A规定用斜面破坏百分数和斜面圆周方向破坏百分数两种形式共同表示破坏结果。斜面破坏百分数评定尺寸变化分为4、3、2、1四种结果，斜面圆周方向破坏百分数评定尺寸变化分为

N、L、M、S 四种结果，其对应的破坏百分数均分别为 0% ~25%、26% ~50%、51% ~75%、75%以上。

5. 拉伸屈服强度

按 GB/T 8804.2—2003 测定，结果保留3位有效数字，小数点后第1位有效数字按四舍五入处理。

(1)原理

沿热塑性管材的纵向裁切或机械加工制取规定形状和尺寸的试样。通过拉力试验机在规定的条件下测得管材的拉伸性能。

(2)样品制备

①样条

先从管材上截取 150mm 长度的管段，以一条任意直线为参考线沿管段圆周方向均匀取样条，样条的纵向平行于管材的轴线，取样条时不应加热或压平。d_n <75mm 取 3 条，75mm≤d_n <450mm 取 5 条，d_n ≥450mm 取 8 条。每根样条从中间部位制取试样 1 片。

②制样方法

管材壁厚小于或等于 12mm 可选择采用冲裁或机械加工两种方法进行制样，管材壁厚大于 12mm 采用机械加工方法制样，试验室间比对和仲裁试验采用机械加工方法制样。试样尺寸应符合标准 GB/T 8804.2—2003 中有关规定。

冲裁方法：选择合适的没有刻痕、刀口干净的裁刀，将样条放置于 125 ~130℃的烘箱中加热，加热时间按每毫米加热 1min 计算。加热结束取出样条，快速地将裁刀置于样条内表面，均匀地一次施压裁切得试样。然后将试样放置于空气冷却至常温。

注：必要时可加热裁刀。

机械加工方法：公称外径大于 110mm 的管材，直接采用机械加工方法制样。公称外径小于或等于 110mm 的管材，应将截取的样条压平后制样，压平时样条加热温度 125 ~130℃，加热时间按每毫米加热 1min 计，施加压力不应使样条的壁厚发生减小，压平后在空气中冷却至常温，用机械方法制样。机械加工试样采用铣削，铣削时应尽量避免使试样发热，避免出现如裂痕、刮伤及其他使试样表面品质降低的可见缺陷。

③状态调节

除了生产检测外，试样在管材生产 15h 之后测试，试验前根据试样厚度，应将试样置于 23 ±2℃的环境中进行状态调节，壁厚 *emin* 小于 3mm 调节时间不少于 1h ±5min，壁厚 *emin* 不小于 3mm 小于 8mm 调节时间不少于 3h ±15min，壁厚 *emin* 不小于 8mm 小于 16mm 调节时间不少于 6h ±30min。

(3)操作步骤

①测量试样标距间中部的宽度和最小厚度，精确到 0.01mm，计算初始截面积；

②将试样安装在拉力试验机上并使其轴线与拉伸应力的方向一致，使夹具松紧适宜以防止试样滑脱；

③对所有试样不论壁厚大小，试验速度均取用 5 ±0.5mm/min 进行试验，记录试样屈服点处的应力值及断裂时标线间的长度。如试样从夹具处滑脱或在平行部位之外渐宽处发生拉伸变形并断裂，应重新取相同数量的试样进行试验。

(4)数据处理

①拉伸屈服应力

对于每个试样，拉伸屈服应力以试样的初始截面积为基础，按式(2 -13)计算。

$$\sigma = F/A \qquad (2-13)$$

式中　σ——拉伸屈服应力(MPa)；

F——屈服点的拉力(N)；

A——试样的原始截面积(mm^2)。

所得结果保留三位有效数字，小数点后第1位有效数字按四舍五入处理。

②补做试验：如果所测的一个或多个试样的试验结果异常应取双倍试样重新试验，例如五个试样中的两个试样结果异常，则应再取四个试样补做试验，如补做的测试结果和原两个异常的测试结果接近，将补做的四个测试结果和原五个试样的测试结果并在一起参与计算，如补做的测试结果和原三个正常的测试结果接近，可以考虑舍去原两个异常的测试结果，将原正常的三个测试结果和补做的四个测试结果并在一起参与计算。

③试验结果以每组试样的算术平均值表示，取三位有效数字，小数点后第1位有效数字按四舍五入处理。

6. 纵向回缩率

按GB/T 6671—2001测定，标准中有液浴法和烘箱法两种，这里介绍烘箱试验方法。

(1)原理

将规定长度的试样置于给定温度下的加热介质中保持一定的时间。测量加热前后试样标线间的距离，以相对原始长度的长度变化百分率来表示管材的纵向回缩率。

(2)样品制备

GB/T 6671—2001标准中规定了液浴和烘箱两种试验方法，本节介绍烘箱方法。

①试样

从一根管材上截取三个200±20mm长的管段。

②划线

使用划线器，在试样上划两条相距100mm的圆周标线，并使其中一标线距任一端至少10mm。

③预处理

按照GB/T2918—1998规定，试样在23±2℃下至少放置2h。

(3)操作步骤

①在23±2℃下，测量标线间距L_0，精确到0.25mm；

②将烘箱温度调节至150±2℃；

③把试样放入烘箱，使样品不触及烘箱底和壁。若悬挂试样，则悬挂点应在距标线最远的一端。若把试样平放，则应放于垫有一层滑石粉的平板上；

④壁厚$e$min小于等于8mm时，把试样放入烘箱内保持60min，壁厚$e$min不小于8mm小于16mm时，把试样放入烘箱内保持120min，这个时间从烘箱温度回升到150±2℃时算起；

⑤从烘箱中取出试样，平放于一光滑平面上，待完全冷却至23±2℃时，在试样表面沿母线测量标线间最大或最小距离，精确至0.25mm。

(4)数据处理

①按下式计算每一试样的纵向回缩率R_{Li}以百分率表示。

$$R_{Li}=\Delta L/L_0\times 100 \tag{2-14}$$

式中　$\Delta L=|L_0-L_i|$

L_0——放入烘箱前试样两标线间距离(mm)；

L_i——试验后沿母线测量的两标线间距离(mm)；

选择L_i使ΔL的值最大。

②计算三个试样的R_{Li}的算术平均值，其结果作为管材的纵向回缩率R_L。

7. 维卡软化温度

按 GB/T 8802—2001 测定。

(1)原理

把试样放在液体介质或加热箱中,在等速升温条件下测定标准压针在 50 ± 1N 力的作用下,压入从管材或管件切取的试样内 1mm 时的温度。

(2)样品制备

①取样

管材试样:从管材上沿轴向裁下弧形管段,长度约 50mm,宽度 10 ~ 20mm。管件试样:从管件的承口、插口或柱面上裁下弧形片段,直径小于或等于 90mm 的管件,试样长度和承口长度相等;直径大于 90mm 的管件,试样长度为 50mm。试样宽度为 10 ~ 20mm。试样应从没有模线或注射点的部位切取。

②制样

如果管材或管件壁厚大于 6mm,则采用适宜的方法加工管材或管件外表面,使壁厚减至 4mm。如果管件承口带有螺纹,则应车掉螺纹部分,使其表面光滑。

壁厚在 2.4 ~ 6mm(含 6mm)范围内的试样,可直接测试;如果管材或管件壁厚小于 2.4mm,则可将两个弧形管段叠加在一起使其总厚度不小于 2.4mm,作为垫层的下层管段试样应当首先压平,为此可将该试样加热到 140℃ 并保持 15min,再置于两块光滑平板之间压平,上层弧段应保持其原样不变。

每次试验用两个试样,但在裁切试样时,应多提供几个试样,以备试验结果相差太大时作补充试验用。

③预处理

将试样在低于预期维卡软化温度 50℃ 的温度下预处理至少 5min。

(3)操作步骤

①将加热浴槽温度调至约低于试样软化温度 50℃ 并保持恒温;

②将试样凹面向上,水平放置在无负载金属杆的压针下面,试样和仪器底座的接触面应是平的。对于壁厚小于 2.4mm 的试样,压针端部应置于未压平试样的凹面上,下面放置压平的试样。压针端部距试样边缘不小于 3mm;

③将试验装置放在加热浴槽中,压针定位 5min 后,在载荷盘上加所要求的质量,使试样所承受的总轴向力为(50 ± 1)N,记录千分表(或其他测量仪器)的读数或将其调至零点;

④以每小时 50 ± 5℃ 的速度等速升温提高浴槽温度,整个试验过程中应开动搅拌器;

⑤当压针压入试样内 1 ± 0.01mm 时,迅速记录下此时的温度,此温度即为该试样的维卡软化温度。

(4)数据处理

两个试样的维卡软化温度的算术平均值,即为所测试管材或管件的维卡软化温度,单位以℃表示。若两个试样结果相差大于 2℃ 时,应重新取不少于两个试样进行试验。

8. 落锤冲击试验

按 GB/T 14152—2001 测定。试验温度 0 ± 1℃。落锤质量和下落高度应符合 GB/T 5836.1—2006 表 6 规定,锤头类型:管材规格 $d_n < 110$mm 时取 $d25$,管材规格 $d_n \geqslant 110$mm 时取 $d90$。

(1)原理

以规定质量和尺寸的落锤从规定高度冲击试验样品规定部位,即可测出该批(或连续挤出生产)产品的真实冲击率。此试验方法可以通过改变落锤的质量/或改变高度来满足不同产品的技术要求。TIR 最大允许值为 10%。

(2)样品制备

①试样

试样应从一批或连续生产的管材中随机抽取切割而成，其切割端面应与管材的轴线垂直，切割面应清洁、无损伤。长度为200±10mm。

②标线

外径大于40的试样应沿其长度方向画出等距离标线，并顺序编号。外径50mm、63mm管材3条，外径75mm、90mm管材4条，外径110mm、125mm管材6条，外径140mm、160mm、180mm管材8条，外径200mm、225mm、250mm管材12条，外径280mm及不小于315mm管材16条。对于外径小于40mm的管材，每个试样只进行一次冲击。

③试样数量

可根据操作步骤中有关规定确定。

④状态调节

试样应在0±1℃的水浴或空气浴中进行状态调节，壁厚小于等于8.6mm时，水浴最短调节时间15min，空气中最短调节时间60min，壁厚大于8.6mm小于等于14.1mm时，水浴最短调节时间30min，空气中最短调节时间120min。状态调节后，壁厚小于等于8.6mm试样，应在空气中取出10s内或水浴中取出20s内完成试验。壁厚大于8.6mm试样，应在空气中取出20s内或水浴中取出30s内完成试验。如果超过此时间间隔，应将试样立即放回预处理装置，最少进行5min调节处理。仲裁试验时应使用水浴。

(3)操作步骤

①试验条件见表2-30。

②外径小于或等于40mm的试样，每个试样只承受一次冲击。外径大于40mm的试样进行冲击试验时，首先使落锤冲击在1号标线上，若试样未破坏，则按样品制备中状态调节的规定对样品进行调节处理后再对2号标线进行冲击，直至试样破坏或全部标线都冲击一次。逐个对试样进行冲击，直至取得判定结果。

(4)数据处理

若试样冲击破坏数在表2-31的A区，则判定该批的TIR值小于或等于10%。若试样冲击破坏数在表2-31的C区，则判定该批的TIR值不小于10%。若试样冲击破坏数在表2-31的B区，则应进一步取样试验，直至根据全部冲击试样的累计结果能够作出判定。

落锤冲击试验条件 表2-30

公称外径(mm)	落锤质量(kg)	落下高度(m)
32	0.25±0.005	1±0.01
40	0.25±0.005	1±0.01
50	0.25±0.005	1±0.01
75	0.25±0.005	2±0.01
90	0.5±0.005	2±0.01
110	0.5±0.005	2±0.01
125	1.0±0.005	2±0.01
160	1.0±0.005	2±0.01
200	1.5±0.005	2±0.01
250	2.0±0.005	2±0.01
315	3.2±0.005	2±0.01

落锤冲击破坏区域 **表 2-31**

冲击总数	冲击破坏数			冲击总数	冲击破坏数		
	A 区	B 区	C 区		A 区	B 区	C 区
25	0	1~3	4	81~88	4	5~11	12
26~32	0	1-4	5	89~91	4	5-12	13
33~39	0	1~5	6	92~97	5	6- ~2	13
40~48	1	2~6	7	98~104	5	6~13	14
49~56	1	2~7	8	105	6	7~13	14
57~64	2	3~8	9	106~113	6	7~14	15
65~72	2	3~9	10	114~116	6	7~15	16
73~79	3	4~10	11	117~122	7	8~15	16
80	4	5~10	11	123~124	7	8~16	17

9. 烘箱试验

(1)原理

为了揭示管件在注射成型过程中所产生的内部应力大小,是否有冷料或未熔融部分以及熔接缝的熔接质量等,根据试样壁厚将试样置于150℃的空气循环烘箱中经受不同时间的加热,取出冷却后,检查试样出现的缺陷,测量所有开裂、气泡、脱层或熔接缝开裂等,并用试样壁厚的百分数形式表示。

(2)样品制备

①试样要求

试样为注射成型的完整管件。如管件带有弹性密封圈,试验前应去掉;如管件由一种以上注射成型部件组合而成的,这些部件应彼此分开进行试验。

②试样数量

同批同类产品至少取三个试样。

(3)操作步骤

①将烘箱升温使其达到150±2℃;

②试验前,应先测量试样壁厚,在管件主体上选取横切面,在圆周面上测量间隔均匀的至少六点的壁厚,计算算术平均值作为平均壁厚 e,精确到0.1mm;

③将试样放入烘箱内,使其中一承口向下直立,试样不得与其他试样和烘箱壁接触,不易放置平稳或受热软压后易倾倒的试样可用支架支撑;

④待烘箱温度回升至设定温度时开始计时,根据试样的平均壁厚确定试样在烘箱内恒温时间,壁厚小于等于3mm时,恒温时间15min,壁厚大于3mm小于等于10mm时,恒温时间30min;

⑤恒温时间达到后,从烘箱中取出试样,小心不要损伤试样或使其变形;

⑥待试样在空气中冷却至室温,检查试样出现的缺陷,例如:试样的开裂、脱层、壁内变化(如气泡等)和熔接缝开裂,并确定这些缺陷的尺寸是否在规定最小范围内。

(4)数据处理

试样的开裂、脱层、气泡和熔接缝开裂等缺陷,应满足下面要求:

①在注射点周围:在以15倍壁厚为半径的范围内,开裂、脱层或气泡的深度应不大于该处壁厚的50%;

②对于隔膜式浇口注射试样,任一开裂、脱层或气泡在距隔膜区域10倍壁厚的范围内,且深度应不大于该处壁厚的50%;

③对于环形浇口注射试样:试样壁内任一开裂应在距离浇口 10 倍壁厚的范围内,如果开裂深入环形浇口的整个壁厚,其长度应不大于壁厚的 50%;

④对于有熔接缝的试样:任一熔接处部分开裂深度应不大于壁厚的 50%;

⑤对于注射试样的所有其他外表面,开裂与脱层深度应不大于壁厚的 30%,试样壁内气泡长度应不大于壁厚的 10 倍;

判定时需将试样缺陷处剖开进行测量,三个试样均通过判定为合格。

10. 坠落试验

(1)原理

将管件在 0 ±1℃下按规定时间进行预处理,在 10s 内从规定高度自由坠落到平坦的混凝土地面上,观察管件的破损情况。

(2)样品制备

①试样为注射成型的完整管件,如管件带有弹性密封圈,试验前应去掉。如管件由一种以上注射成型部件组成,这些部件应彼此分开试验。

②同一规格同批产品至少取 5 个试样,试样应无机械损伤。

(3)试验条件

①跌落高度

公称直径小于或等于 75mm 的管件,从距地面 2.00 ±0.05m 处坠落;公称直径大于 75mm 小于 200mm 的管件,从距地面 1.00 ±0.05m 处坠落;公称直径大于 200mm 或等于 200mm 的管件,从距地面 0.50 ±0.05m 处坠落。

注:异径管件以最大口径为准。

②试验场地

平坦混凝土路面。

(4)操作步骤

①将试样放入 0 ±1℃的恒温水浴或低温箱中进行预处理,管件壁厚 $\delta \leqslant 8.6$mm 时,最短预处理时间:恒温水浴中为 15min,低温箱中为 60min;管件壁厚 8.6mm $< \delta \leqslant$ 14.1mm 时,最短预处理时间:恒温水浴中为 30min,低温箱中为 120min。异径管材按最大壁厚确定预处理时间;

②恒温时间达到后,从恒温水浴或低温箱中取出试样,迅速从规定高度自由坠落于混凝土地面,坠落时应使 5 个试样在五个不同位置接触地面;

③试样从离开恒温状态到完成坠落,应在 10s 之内进行完毕,检查试验后试样表面状况。

(5)数据处理

检查试样破损情况,其中一个或多个试样在任何部位产生裂纹或破裂,则该组试样为不合格。

11. 系统适用性 - 水密性

参见 GB/T 5836.1—2006 附录 A。

12. 系统适用性 - 气密性

参见 GB/T 5836.1—2006 附录 B。

六、实例

批量 $N = 100$、规格 110 ×3.2、长为 4m 的建筑排水用硬聚氯乙烯(PVC - U)管材进行颜色、外观、拉伸强度检验,样本大小 $n = 8$,检测与判定示例如下:

1. 颜色

目测,8 根管材均为灰色,不合格数为 0 < 合格判定数 $A_c = 1$,符合规范要求。

2. 外观

目测,8 根管材中有 1 根色泽不均,不合格数为 1 = 合格判定数 $A_c=1$,符合规范要求。

3. 拉伸屈服强度

选择采用冲裁试样,样品数 5 个,有关测试数据如表 2－32。拉伸屈服强度单个值计算(试样 1 为例):850N/(3.36mm × 6.20mm) = 40.8MPa,拉伸屈服强度平均值(40.8 + 39.5 + 40.5 + 41.1 + 39.5)/5 = 40.3MPa。拉伸屈服强度 40.3MPa > 40MPa,符合标准规定要求。

管材测试数据　　**表 2－32**

序号	最小厚度(mm)	宽度(mm)	拉力(N)	强度(MPa)	
				单个值	平均值
1	3.36	6.20	850	40.8	40.3
2	3.41	6.16	830	39.5	
3	3.45	6.12	855	40.5	
4	3.39	6.24	870	41.1	
5	3.33	6.28	825	39.5	

思　考　题

1. 建筑排水用硬聚氯乙烯管材纵向回缩率检测应如何进行状态调节?
2. 建筑排水用硬聚氯乙烯管材拉伸性能测定制样方法有几种? 如何选用?
3. 建筑排水用硬聚氯乙烯管材拉伸性能测定时如发现试验结果有异常应如何处理?
4. 建筑排水用硬聚氯乙烯管材维卡软化温度测定时如两个试样的测试结果相差大于 2℃时应如何处理?
5. 结合 TIR 为10% 时判定表,说说建筑排水用硬聚氯乙烯管材落锤冲击试验应如何判定?
6. 说说建筑排水用硬聚氯乙烯管件烘箱试验的原理。

第六节　给水管材(件)

一、概述

给水管材是建筑工程中广泛使用的材料。给水管有多种形式,主要分金属类如不锈钢管、铜管等;塑料类如 PP－R 管、PE 管、PVC－U 管;复合类如钢塑复合管。其中塑料类由于材料轻、运输方便、连接方便、价格低等优势,得到广泛应用。

1. 术语和定义

(1)公称外径 d_n:规定的外径(mm);

(2)公称壁厚 e_n:管材或管件壁厚的规定值(mm);

(3)最小壁厚:管材或管件圆周上任一点壁厚的最小值;

(4)公称压力 PN:管材在 20℃使用时允许的最大工作压力,单位为兆帕;

(5)管系列 S:用以表示管材规格的无量纲数值系列,可按公式 $S=\frac{d_n-e_n}{2e_n}$计算;

(6)标准尺寸比(SDR):管材的公称外径与公称壁厚的比值。$SDR=d_n/e$;

(7)PP－H:均聚聚丙烯;

(8)PP－B:耐冲击共聚聚丙烯(曾称为嵌段共聚聚丙烯);

(9)PP－R:无规共聚聚丙烯。

2. 管材产品指标

本节所讲给水管材(件)主要指塑料类管材管件,有关产品的指标详见表 2－33、表 2－34、表 2－35。

PVC－U 管材产品指标　　　　表 2－33

产品名称	试验项目					指标
PVC－U	外观、颜色					内外表面应光滑,无明显划痕、凹陷、可见杂质和其他影响达到本部分要求的表面缺陷。管材断面应切割平整并与轴线垂直/颜色由供需双方协商,色泽应均匀一致
	不透光性					不透光
	管材尺寸					长度、弯曲度、平均外径及偏差和不圆度、壁厚、承口、插口
	密度/(kg/m³)					1350～1460
	维卡软化温度					≥80℃
	纵向回缩率					≤5%
	二氯甲烷浸渍					表面变化不劣于 4N
	落锤冲击试验(0℃),TIR/(%)					≤5
	液压试验	温度	环应力	时间	公称外径	无破裂,无渗漏
		20	36	1	<40	
		20	38	1	≥40	
		20	30	100	所有	
		60	10	1000	所有	
	系统适用性试验					无破裂,无渗漏

PP－R 管材产品指标　　　　表 2－34

产品名称	试验项目					指标
冷热水用聚丙烯(PP－R)	外观、颜色					管材的色泽应基本一致。内外表面应光滑、平整,无凹陷、气泡和其他影响性能的表面缺陷。管材不应含有可见杂质。管材断面应切割平整并与轴线垂直/一般为灰色,其颜色可由供需双方协商确定
	不透光性					不透光
	管材尺寸					平均外径、壁厚、长度
	纵向回缩率					≤2%(135℃)
	简支梁冲击试验					破坏率<试样的 10%(0℃)
	落锤冲击试验(0℃),TIR/(%)					≤5
	静液压试验	温度	压力	时间	试样数量	无破裂,无渗漏
		20	16.0	1	3	
		95	4.2	22		
		95	3.8	165		
		95	3.5	1000		
	熔体质量流动速率,MFC(230℃/2.16kg)g/10min					变化率≤原料的 30%

续表

<table>
<tr><th>产品名称</th><th colspan="4">试验项目</th><th>指标</th></tr>
<tr><td rowspan="5">冷热水用聚丙烯（PP－R）</td><td colspan="4">静液压状态下热稳态定性试验</td><td rowspan="3">无破裂，无渗漏</td></tr>
<tr><td>温度</td><td>液压压力</td><td>时间</td><td>试样数量</td></tr>
<tr><td>110</td><td>1.9</td><td>8760</td><td>1</td></tr>
<tr><td colspan="4">卫生性能</td><td>符合 GB/T17219</td></tr>
<tr><td colspan="4">系统适用性试验</td><td>管材和管件连接后应通过内压和热循环二项组合试验。无破裂，无渗漏</td></tr>
</table>

PE80 管材产品指标 **表 2－35**

<table>
<tr><th>产品名称</th><th colspan="4">试验项目</th><th>指标</th></tr>
<tr><td rowspan="12">给水用聚乙烯（PE80）</td><td colspan="4">颜色</td><td>市政饮用水管材的颜色为蓝色或黑色，黑色管道上应有共挤出蓝色色条。色条沿管材纵向至少有三条。暴露在阳光下的敷设管道必须是黑色</td></tr>
<tr><td colspan="4">外观</td><td>内外表面应清洁、光滑，不允许有气泡、明显的划伤、凹陷、杂质、颜色不均等缺陷。管端头应切割平整并与轴线垂直</td></tr>
<tr><td colspan="4">管材尺寸</td><td>平均外径、壁厚、长度</td></tr>
<tr><td colspan="4">断裂伸长率</td><td>≥350%</td></tr>
<tr><td colspan="4">纵向回缩率</td><td>≤3%（110℃）</td></tr>
<tr><td colspan="4">氧化诱导时间（200℃），min</td><td>≥20</td></tr>
<tr><td colspan="4">卫生性能</td><td>符合 GB/T17219</td></tr>
<tr><td rowspan="4">静液压</td><td>温度</td><td>环向应力</td><td>时间</td><td rowspan="4">无破裂，无渗漏</td></tr>
<tr><td>20</td><td>9.0</td><td>100</td></tr>
<tr><td>80</td><td>4.6</td><td>165</td></tr>
<tr><td>80</td><td>4.0</td><td>1000</td></tr>
</table>

对给水用聚乙烯 80℃静液压强度（165h）试验只考虑脆性破坏。如果在要求时间（165h）内发生韧性破坏，则按表 2－36 选择较低的破坏应力和相应的最小破坏时间重新试验。

80℃静液压强度（165h）再实验要求 **表 2－36**

应力	最小破坏时间
4.5	219
4.4	283
4.3	394
4.2	533
4.1	727
4.0	1000

注：1. 表中的温度单位为℃，环应力单位为 MPa，时间单位为 h，外径单位为 mm。

2. 考虑到篇幅问题，制表时对标准中的指标要求进行了节选，具体检测时按产品标准的要求。

3. 冷热水用聚丙烯有三种类型，分别为 PP－H、PP－B、PP－R。目前工程中使用较多的为 PP－R，本表主要选取了 PP－R 的部分指标。

3. 管材检验规则

(1)给水用聚氯乙烯管材检验规则

①用相同原料、配方和工艺生产的同一规格的管材作为一批。当 $d_n \leqslant 63$mm 时，每批数量不超过50t，当 $d_n > 63$mm 时，每批数量不超过100t。

②出厂检验项目为外观、颜色、不透光性、管材尺寸、纵向回缩率、落锤冲击试验和20℃、1h 的液压试验。

③项目外观、颜色、不透光性、管材尺寸检测项目中任意一条不符合规定时，则判该批为不合格。物理力学性能中有一项达不到要求，则在该批中随机抽取双倍样进行该项复验。如仍不合格，则判该批为不合格批。卫生指标有一项不合格判为不合格批。

(2)冷热水用聚丙烯管道系统检验规则

①用相同原料、配方和工艺生产的同一规格的管材作为一批。一次交付可由一批或多批组成，交付时应注明批号，同一交付批号产品为一个交付检验批。

②出厂检验项目为外观、尺寸、纵向回缩率、简支梁冲击试验和静液压试验中 20℃、1h 和 95℃、22h(或 95℃、165h)试验。

③外观、尺寸按要求进行评定。卫生指标有一项不合格判为不合格批。其他指标有一项达不到规定时，则随机抽取双倍样品进行该项复验。如仍不合格，则判该批为不合格批。

(3)给水用聚乙烯管材检验规则

①同一原料、配方和工艺连续生产的同一规格的管材作为一批，每批数量不超过100t。

②出厂检验项目为颜色、外观、管材尺寸，以及80℃静液压强度(165h)试验，断裂伸长率、氧化诱导时间检验。

③颜色、外观、尺寸按要求进行评定，其他指标有一项达不到规定时，则随机抽取双倍样品进行该项复验。如仍不合格，则判该批为不合格批。

4. 管件产品指标

管件产品指标见表2－37。

管件产品指标　　表2－37

<table>
<tr><th>产品名称</th><th colspan="5">试验项目</th><th>指　标</th></tr>
<tr><td rowspan="13">PVC－U</td><td colspan="5">外观</td><td>内外表面应光滑，不允许有脱层、明显起泡</td></tr>
<tr><td colspan="5">注塑成型管件尺寸</td><td>壁厚、插口平均外径、承口中部平均内径等</td></tr>
<tr><td colspan="5">管材弯制成型管件</td><td>弯制成型管件承口尺寸应符合 GB/T 10002.1 对承口尺寸的要求</td></tr>
<tr><td colspan="5">维卡软化温度</td><td>≥74℃</td></tr>
<tr><td colspan="5">烘箱试验</td><td>符合 GB/T 8803—2001</td></tr>
<tr><td colspan="5">坠落试验</td><td>无破裂</td></tr>
<tr><td rowspan="5">液压试验</td><td>温度</td><td>试验压力</td><td>时间</td><td>公称外径</td><td rowspan="5">无破裂，无渗漏</td></tr>
<tr><td>20</td><td>4.2×PN</td><td>1</td><td rowspan="2">≤90</td></tr>
<tr><td>20</td><td>3.2×PN</td><td>1000</td></tr>
<tr><td>20</td><td>3.36×PN</td><td>1</td><td rowspan="2">>90</td></tr>
<tr><td>60</td><td>2.56×PN</td><td>1000</td></tr>
<tr><td colspan="5">卫生性能</td><td>卫生性能和氯乙烯单体含量要求</td></tr>
<tr><td colspan="5">系统适用性试验</td><td>无破裂，无渗漏</td></tr>
</table>

续表

<table>
<tr><th>产品名称</th><th colspan="5">试验项目</th><th>指　标</th></tr>
<tr><td rowspan="13">冷热水用聚丙烯（PP－R）</td><td colspan="5">外观、颜色</td><td>管件表面应光滑、平整，不允许有裂纹、气泡、脱皮和明显的杂质、严重的缩形以及色泽不均、分解变色等缺陷。ℓ由供需双方协商确定。</td></tr>
<tr><td colspan="5">不透光性</td><td>不透光。同一生产厂家生产的相同原料的管材，且已做过不透光性试验的，则可不做。</td></tr>
<tr><td colspan="5">规格尺寸</td><td>承口、壁厚等</td></tr>
<tr><td rowspan="5">静液压</td><td>管系列</td><td>温度</td><td>试验压力</td><td>时间</td><td rowspan="5">无破裂，无渗漏</td></tr>
<tr><td>S5</td><td>20</td><td>3.11</td><td rowspan="2">1</td></tr>
<tr><td>S2</td><td>20</td><td>7.51</td></tr>
<tr><td>S5</td><td>95</td><td>0.68</td><td rowspan="2">1000</td></tr>
<tr><td>S2</td><td>95</td><td>1.64</td></tr>
<tr><td colspan="5">熔体质量流动速率，MFC（230℃/2.16kg）g/10min</td><td>变化率≤原料的30%</td></tr>
<tr><td colspan="5">静液压状态下热稳态定性试验</td><td rowspan="3">无破裂，无渗漏</td></tr>
<tr><td colspan="2">温度</td><td>液压压力</td><td>时间</td><td>试样数量</td></tr>
<tr><td colspan="2">110</td><td>1.9</td><td>8760</td><td>1</td></tr>
<tr><td colspan="5">卫生性能</td><td>符合 GB/T 17219</td></tr>
<tr><td rowspan="11">给水用聚乙烯（PE 80）</td><td colspan="5">颜色</td><td>管件聚乙烯部分的颜色为蓝色，蓝色聚乙烯管件应避免紫外光线直接照射</td></tr>
<tr><td colspan="5">外观</td><td>内外表面应清洁、光滑，不允许有缩孔（坑）、明显的划伤、杂质、颜色不均和其他表面缺陷</td></tr>
<tr><td colspan="5">规格尺寸</td><td>壁厚、插入深度、不圆度等</td></tr>
<tr><td colspan="5">力学性能（静液压）</td><td rowspan="5">无破裂，无渗漏</td></tr>
<tr><td colspan="2">温度</td><td>环应力</td><td>时间</td><td>试样数量</td></tr>
<tr><td colspan="2">20</td><td>10.0</td><td>100</td><td>3</td></tr>
<tr><td colspan="2">80</td><td>4.5</td><td>165</td><td>3</td></tr>
<tr><td colspan="2">80</td><td>4.0</td><td>1000</td><td>3</td></tr>
<tr><td colspan="5">物理机械性能</td><td>见产品标准表 11</td></tr>
<tr><td colspan="5">机械连接接头力学性能</td><td>见产品标准表 12</td></tr>
<tr><td colspan="5">卫生性能</td><td>符合 GB/T 17219</td></tr>
</table>

注：1. 表中的温度单位为℃，环应力单位为 MPa，时间单位为 h，外径单位为 mm。

2. 考虑到篇幅问题，制表时对标准中的指标要求进行了节选，具体检测时按产品标准的要求。

5. 管件检验规则

（1）给水用聚氯乙烯管件检验规则

①用相同原料、配方和工艺生产的同一规格的管件作为一批。当 d_n≤32mm 时，每批数量不超过2万个，当 d_n>32mm 时，每批数量不超过5000个。一次交付可由一批或多批组成，交付时应注明批号，同一交付批号产品为一个交付检验批。

②出厂检验项目为外观、注塑成型管件尺寸、管材弯制成型管件、烘箱、坠落试验。

③外观、注塑成型管件尺寸、管材弯制成型管件中任一条不符合规定时，则判该批为不合格。物理力学性能中有一项达不到要求，则在该批中随机抽取双倍样进行该项复验。如仍不合格，则判该批为不合格批。卫生指标有一项不合格判为不合格批。

（2）冷热水用聚丙烯管件检验规则

①用同一原料和工艺连续生产的同一规格的管件作为一批。当 $d_n \leqslant 32$mm 时，每批数量不超过1万件，$d_n > 32$mm 规格的管件每批不超过5000件。一次交付可由一批或多批组成，交付时应注明批号，同一交付批号产品为一个交付检验批。

②出厂检验项目为外观、尺寸20℃、1h液压试验。

③外观、尺寸按要求进行评定。卫生指标有一项不合格判为不合格批。其他指标有一项达不到规定时，则随机抽取双倍样品进行该项复验。如仍不合格，则判该批为不合格批。

（3）给水用聚乙烯管件检验规则

①同一混配料、设备和工艺连续生产的同一规格的管件作为一批，每批数量不超过5000件。

②出厂检验项目为颜色、外观、电熔管件的电阻偏差、规格尺寸，以及80℃静液压强度（165h）试验、氧化诱导时间检验。

③外观、尺寸按要求进行评定，卫生指标有一项不合格判为不合格批。其他指标有一项达不到规定时，则随机抽取双倍样品进行该项复验。如仍不合格，则判该批为不合格批。

二、检测依据

1.《冷热水用聚丙烯管道系统》（GB/T 18742—2002）；
2.《给水用聚乙烯（PE）管材》（GB/T 13663—2000）；
3.《给水用聚乙烯（PE）管道系统第2部分：管件》（GB/T 13663.2—2005）；
4.《给水用硬聚氯乙烯（PVC－U）管材》（GB/T 10002.1—2006）；
5.《给水用硬聚氯乙烯（PVC－U）管件》（GB/T 10002.2—2003）；
6.《流体输送用热塑性塑料管材耐内压试验方法》（GB/T 6111—2003）；
7.《热塑性塑料管材纵向回缩率的测定》（GB/T 6671—2001）；
8.《流体输送用热塑性塑料管材简支梁冲击试验方法》（GB/T 18743—2002）。

三、环境条件

除非另有规定，塑料管材应在23±2℃条件下进行状态调节，时间不少于24h，并在此条件下进行试验，聚丙烯管道系统还规定了湿度50%±10%要求。

四、预处理与试样制备

1.静液压试验的预处理及试样制备（表2－38）。

静液压预处理时间　　**表2－38**

壁厚 e_{min}（mm）	状态调节时间
$e_{min} < 3$	1h±5min
$3 \leqslant e_{min} < 8$	3h±15min
$8 \leqslant e_{min} < 16$	6h±30min
$16 \leqslant e_{min} < 32$	10h±1h
$e_{min} \geqslant 32$	16h±1h

试验至少应准备三个试样，试样长度由密封接头长度和规定的自由长度相加决定。当管材公称外径 $d_n \leqslant 315$mm 时，每个试样在两个密封接头之间的自由长度应不小于试样外径的三倍，但最小不得小于250mm；当管材 $d_n > 315$mm 时，其最小自由长度 $L_0 \geqslant 1000$mm。

2. 纵向回缩率试验的预处理及试样制备

试样应在23±2℃条件下放置2h。

纵向回缩率试验从一根管材上截取三个200±20mm长的试样，对公称直径不小于400mm的管材，可沿轴向均匀切成4片进行试验。使用划线器在试样上划两条相距100mm的圆周标线，并使其一标线距任一端至少10mm。

3. 简支梁冲击试验的预处理及试样制备

试样应在规定测试温度的水浴或空气浴中对试样进行预处理，时间按表2-39规定。在仲裁检验时，应使用水浴。

简支梁冲击试样预处理时间 **表2-39**

试样厚度 e (mm)	预处理时间(min)	
	水浴	空气浴
$e \leqslant 8.6$	15	60
$8.6 < e \leqslant 14.1$	30	120
$e > 14.1$	60	240

简支梁冲击试验样品的制样尺寸为：外径小于25mm的管材，其试样为100±2mm长的整个管段；外径不小于25mm小于75mm的管材，试样沿纵向切割，其尺寸和形状符合表2-40的要求；外径不小于75mm的管材，试样分别沿环向和纵向切割，其尺寸和形状同样符合表2-40的要求。

简支梁冲击试样尺寸和支座间距 **表2-40**

试样类型	试样尺寸			支座间距
	长	宽	厚	
1	100±2	整个管段		70±0.5
2	50±1	6±0.2	e	40±0.5
3	120±2	15±0.5	e	70±0.5

注：e 为管材的加工厚度。

对于均聚和共聚聚丙烯管材，如果所切试样的壁厚 e 小于等于10.5mm，保留试样厚度，试样无需加工；如果壁厚 e 大于10.5mm，则外表面起加工至试样成薄片状，其厚度为10±0.5mm，加工过的表面用细砂纸(颗粒≥220目)沿长度方向磨平。

五、试验操作步骤

1. 静液压试验

(1)仪器设备

①密封接头(图2-6)：密封接头有A型和B型两种。A型接头是指与试样刚性连接的密封接头，但两个密封接头彼此不相连接，因静液压端部推力可以传递到试样中。B型接头指用金属材料制造的承口接头，能确保与试样外表面密封，且密封接头通过连接件与另一密封接头相连，因此静液压端部推力不会作用在试样上。除非在相关标准中有特殊规定，否则应选用A型接头。仲裁试验采用A型密封接头。

②恒温箱：给水管材一般以水作为介质，水中不得含有对试验结果有影响的杂质。由于温度对试验结果影响很大，应使试验温度偏差控制在规定范围内，并尽可能要求平均温差为±1℃，最

大偏差为 ±2℃，对于容积较大的恒温箱应采用流体强制循环系统。

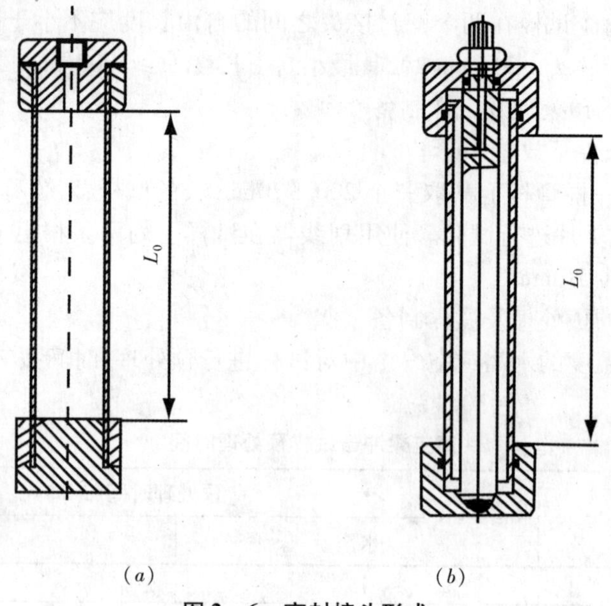

图 2-6 密封接头形式

(a) A 型密封接头示意图；(b) B 型密封接头示意图

L_0——试样自由长度

③支撑或吊架、加压装置、压力测量装置、测温装置、计时器、测厚仪、管材平均外径尺。

(2)管材试验步骤

①将经过状态调节后的试样与加压设备连接起来，排净试样内的空气，然后根据试样的材料、规格尺寸和加压设备的情况，在 30s 至 1h 之间用尽可能短的时间，均匀平稳地施加试验压力；按公式(2-15)计算出的压力，压力偏差为 $^{+2}_{-1}$%。当达到试验压力时开始计时；

$$P=\sigma\frac{2e_{\min}}{d_{\mathrm{em}}-e_{\min}} \tag{2-15}$$

式中 σ——由试验压力引起的环应力(MPa)；

d_{em}——测量得到的试样平均外径(mm)；

$e_{\min}$——测量得到的试样自由长度部分壁厚的最小值(mm)。

注：在确定试验压力时，一定要看清产品标准中对环应力、试验压力的要求。

②把试样悬放在恒温箱中，整个试验过程中试验介质都应保持恒温直至试验结束；

③当达到规定时间或试样发生破坏、渗漏时，停止试验，记录时间。如试样发生破坏，则应记录其破坏类型，判断是脆性破坏还是韧性破坏。

注：在破坏区域内，不出现塑性变形破坏的为"脆性破坏"，在破坏区域内，出现明显塑性变形的为"韧性破坏"。

如试验已经进行了 1000h 以上，试验过程中设备出现故障，若设备在 3 天内恢复，则试验可继续进行；若试验已超过 5000h，设备在 5 天内能恢复，则试验可继续进行。如果设备出现故障，试样通过电磁阀或其他方法保持试验压力，即使设备故障超过上述规定，试验还可继续进行；但在这种情况下，由于试样的持续蠕变，试验压力会逐渐下降。设备出现故障的这段时间不应计入试验时间内。

如果试样在距离密封接头小于 $0.1L_0$ 处出现破坏，则试验结果无效，应另取试样重新试验(L_0 为试样的自由长度)。

(3)管件的试验步骤。

以上试验方法同样适用于管件的静液压试验。

在(GB/T 18742.3—2002)《冷热水用聚丙烯管道系统第 3 部分:管件》中要求,试样为单个管件或由管件与管材组合而成。管件与管材相连作为试样时,应取相同或更小管系列 S 的管材与管件相连,如果试验中管材破裂则试验应重做。所取管材长度应符合表 2－41 规定。

所取管材的长度　　　表 2－41

管材公称外径(mm)	管材长度(mm)
≤75	200
＞75	300

在其他塑料管件的静液压试验也允许由单个管件或由管件与管材组合而成,但管材的自由长度略有差异,可根据各个产品标准中的规定制样。

同样需要注意的是,在进行管件的液压试验时,不同产品对试验用压力的表述方式不一样,冷热用聚丙烯(PP－R 等)、给水用聚氯乙烯(PVC－U)、冷热用聚丁烯(PB)管件标准规定了试验压力,在进行液压试验时直接设定到试验压力即可。给水用聚乙烯(PE)和丙烯腈－丁二烯－苯乙烯(ABS)管件标准规定了环应力,因此必须将环应力值代入公式(2－15)中计算得出试验压力,但此时公式中的 d_{em} 和 e_{min} 分别代表与管件同等级的管材的公称外径和公称壁厚。

2. 纵向回缩率试验

GB/T 6671—2001 标准规定测定热塑性塑料管材纵向回缩率的试验有两种方法,一种是在液体中(液浴法),一种是在空气中(烘箱法)。由于烘箱试验法具有操作简便,设备使用广泛的优点被大部分实验室所采用,因此此试验方法介绍以烘箱试验法为主。其原理为将规定长度的试样,置于给定温度下的加热介质中保持一定的时间,测量加热前后试样标线间的距离,以相对原始长度的长度变化百分率来表示管材的纵向回缩率。

(1)仪器设备

①烘箱:能保证当试样置入后,温度在 15min 内重新回升到试验温度范围;

②划线器:保证两标线间距为 100mm;

③温度计:精度为 0.5℃。

(2)试验步骤

①在 23±2℃下,测量标线间距 L_0,精确到 0.25mm。将烘箱调节到规定的温度值 TR(除非在产品标准中明确规定了纵向回缩率的测试温度,一般都可以按表 2－42 中规定的温度值)。

烘箱试验的测定参数　　　表 2－42

<table>
<tr><th>热塑性材料</th><th>烘箱温度
(℃)</th><th>试样在烘箱中放置时间
(min)</th><th>试样长度
(mm)</th></tr>
<tr><td>硬质聚氯乙烯(PVC－U)</td><td>150±2</td><td>e≤8,60
8＜e≤16,120
e＞16,240</td><td rowspan="7">200±20</td></tr>
<tr><td rowspan="2">聚乙烯(PE32/40)
聚乙烯(PE50/63)
聚乙烯(PE80/100)</td><td>100±2</td><td rowspan="2">e≤8,60
8＜e≤16,120</td></tr>
<tr><td>110±2</td></tr>
<tr><td>聚丙烯的均聚物和嵌段共聚物</td><td>150±2</td><td rowspan="2">e≤8,60
8＜e≤16,120
e＞16,240</td></tr>
<tr><td>聚丙烯无规共聚物</td><td>135±2</td></tr>
<tr><td>丙烯腈－丁二烯－三元共聚物(ABS)</td><td rowspan="2">150±2</td><td rowspan="2">e≤8,60
8＜e≤16,120
e＞16,240</td></tr>
<tr><td>丙烯腈－苯乙烯－丙烯酸盐三元共聚物(ABS)</td></tr>
</table>

注:e 指壁厚,单位为 mm。

②把试样放入烘箱,使样品不触及烘箱底和壁。若悬挂试样,则悬挂点应在距标线最远的一

端。若把试样平放，则应放于垫有一层滑石粉的平板上，切片试样，应使凸面朝下放置。

③把试样放入烘箱内保持规定的时间，这个时间应从烘箱温度回升到规定温度时算起。

④从烘箱中取出试样，平放于一光滑平面上，待完全冷却至23±2℃时，在试样表面沿母线测量标线间最大或最小距离 L_i，精确至0.25mm。

注：切片试样，每一管段所切的四片应作为一个试样，测得 L_i，且切片在测量时，应避开切口边缘的影响。

⑤按式计算每一个试样的纵向回缩率 R_{Li}，以百分率表示。

$$R_{Li} = \triangle L / L_0 \times 100 \tag{2-16}$$

式中　$\triangle L = |L_0 - L_i|$

L_0——放入烘箱前试样两标线间距离(mm)；

L_i——试验后沿母线测量的两标线间距离(mm)。

选择 L_i 使的 $\triangle L$ 值最大。

计算三个试样 R_{Li} 的算术平均值，其结果作为管材的纵向回缩率 R_L

3. 简支梁冲击试验

简支梁冲击试验原理为用一小段管材或机械加工制得的无缺口条状试样在规定测试温度下进行预处理，然后以规定的跨度将试样在水平方向呈简支梁支撑。用具有给定冲击能量的摆锤在支撑中线处迅速冲击一次。对规定数目的试样冲击后，以试样破坏数对被测试样总数的百分比表示试验结果。

(1)仪器设备

①冲击测试仪：冲击测试仪是具有冲击速度为3.8m/s，摆锤能提供15J或50J冲击能量的仪器。对纵向切割的试样的支撑方式如图2-7、图2-8，对环向切割的试样的支撑方式如图2-9。

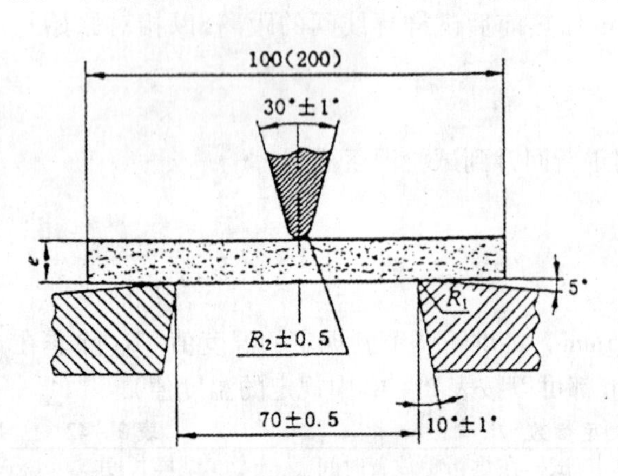

图2-7　标准试样的冲击刀刃和支座

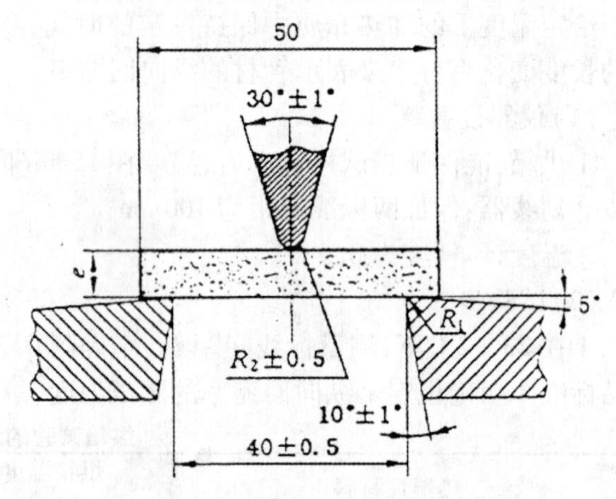

图2-8　小试样的冲击刀刃和支座

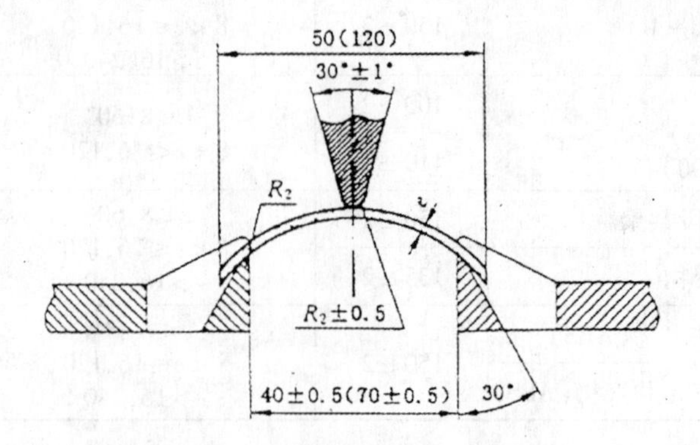

图2-9　弧形试样的冲击刀刃和支座

（2）试验步骤

①将已测量尺寸的试样从预处理的环境中取出，置于相应的支座上，按规定的方式支撑，在规定时间内（时间取决于测试温度和环境温度之间的温差，若温差小于或等于5℃，试样从预处理环境中取出后，应在60s内完成冲击，若温差大于5℃，试样从预处理环境中取出后，应在10s内完成冲击），用规定能力对试样外表进行冲击。

如果没有在规定时间内完成试验，但超出的时间不大于60s，则可立即在预处理温度下对试样进行再处理至少5min，并按上述重新测试，否则应放弃试样或按要求对试样重新进行预处理。

②冲击后检查试样破坏情况，记下裂纹或龟裂情况。如有需要可记录相关标准中规定的其他破坏现象。

③重复以上试验步骤，直到完成规定数目的试样。以试样破坏数对被测试样总数的百分比来表示试验结果。

冷热水用聚丙烯管道系统第2部分：管材中对简支梁冲击试验作如下规定，见表2－43。

管材简支梁冲击试验（GB/T 18742.2—2002）　　　　**表2－43**

材料	试验温度（℃）	试样数量	冲击能量（J）	指标
PP－H	23±2	10	15	破坏率＜试样的10%
PP－B	0±2			
PP－R	0±2			

六、实例

冷热水用聚丙烯管道（PP－R），管系列S5，公称外径为32mm、公称壁厚为2.9mm，按GB/T 6111检测其1h20℃静液压试验。

试验步骤：

1. 截取3根长度为350mm的试样（长度根据各试验设备的夹具而定，但要保证自由长度不小于试样外径的三倍且不小于250mm）。

2. 在温度23±2℃，湿度50%±10%条件下进行状态调节，时间不少于24h，并在此条件下进行试验。并将试验用恒温箱开启使水温也控制在23±2℃范围内。

3. 测量三个试样的平均外径 $d_{em}=32.4$mm 和最小壁厚 $e_{min}=3.0$mm（应取最小的壁厚）。

4. 根据产品标准（GB/T 18742.2—2002）中表6中提供的静液压应力为16MPa，根据公式 $P=\sigma\frac{2e_{min}}{d_{em}-e_{min}}$ 计算得出压力值为3.27MPa。

5. 将状态调节后的试样与A型接头连接好并与加压设备连接，排尽试样内空气，在30s至1h内均匀稳定的加压至3.27MPa。把试样悬放在恒温水中，直至试验结束。

6. 试验过程中注意观察压力变化情况，结束时注意观察记录试样外观变化。

思　考　题

1. 静液压试验中的A型和B型接头的区别在哪里？
2. 纵向回缩率的测试原理。
3. 摆锤冲击试验时如果没有在规定的时间内完成冲击应如何处理？

第七节　阀　　门

一、基本概念

1. 阀门的概念与分类

通过改变管道路断面可以控制管道内流体流动的装置,均称为阀门或阀件。阀门在管路中主要起到的作用是:接通或截断介质;防止介质倒流;调节介质的压力、流量等参数;分离、混合或分配介质;防止介质压力超过规定数值,以保管路或容器、设备的安全。

随着现代科学技术的发展,阀门在工业、建筑、农业、国防、科研以及人民生活等方面使用日益普遍,现已成为人类活动的各个领域中不可缺少的通用机械产品。

阀门在管道工程上有着广泛的应用,由于使用目的不同,阀门的类型多种多样。按作用和用途分类

(1) 截断阀:截断阀又称闭路阀,其作用是接通或截断管路中的介质。截断阀类包括闸阀、截止阀、旋塞阀、球阀、蝶阀和隔膜等。

(2) 止回阀:止回阀又称单向阀或逆止阀,其作用是防止管路中的介质倒流。水泵吸水关的底阀也属于止回阀类。

(3) 安全阀:安全阀类的作用是防止管路或装置中的介质压力超过规定数值,从而达到安全保护的目的。

(4) 调节阀:调节阀类包括调节阀、节流阀和减压阀,其作用是调节介质的压力、流量等参数。

(5) 分流阀:分流阀类包括各种分配阀和疏水阀等,其作用是分配、分离或混合管路中的介质。

各类阀门的介绍见表2-44。

根据生产中对泄漏事故的统计,阀门的泄漏常发生在阀杆密封、法兰连接面及壳体上。阀门的泄漏可造成阀杆冲蚀、密封面磨损及泄漏孔洞的逐渐扩大,使阀门损坏报废。泄漏使介质外泄,引起消耗增大,成本上升,企业的经济效益下降。如果易燃、易爆、有毒和有害介质外泄,则易发生火灾、爆炸和中毒等事故,如果腐蚀介质外泄,会加快厂房和设备的腐蚀速度,使用寿命缩短。外漏的介质污染环境,破坏农牧和渔业的生产,损害人们的身体健康。泄漏产生的噪声和气味等影响操作人员的工作情绪,使操作事故增多,甚至使生产无法进行,企业的非计划停产事故增多。因此控制阀门的质量,做好阀门的压力试验就显得十分重要。近年来阀门的新结构、新材料、新用途不断发展,阀门的品种规格正向标准化、通用化、系列化方向发展,为了能够有效地控制建筑工程中阀门的质量,本节主要依据GB/T13927—2008《工业阀门 压力试验》介绍壳体实验、上密封试验(具有上密封结构的阀门应做该项试验)、密封试验等试验项目,适用于工业用金属阀门,并与阀门的产品标准配套使用。

2. 术语

(1)壳体试验

对阀体和阀盖等联结而成的整个阀门壳体进行冷态压力试验。目的是检验阀体、包括固定联结处在内的整个壳体的结构强度、耐压性能和致密性。

(2)密封试验

检验阀门启闭件和阀座密封副、阀体和阀座间的密封性能的试验。

(3)试验压力

试验时,阀门内腔的显示压力。

(4)试验介质

用于阀门压力试验加压的气体或液体。

(5)试验介质温度

用于阀门压力试验加压的气体或液体的温度。除另有特殊规定外,温度应在5~40℃范围内。

各类阀门的介绍　表2-44

名称	简　介
蝶阀	蝶阀启闭件是一个圆盘形的蝶板,在阀体内绕其自身的轴线旋转,从而达到启闭或调节的阀门
闸阀	闸阀的启闭件叫做闸板,闸板为上下运动,与流体方向垂直,闸阀只能作全开和全关，不能作调节和节流之用
排污阀	排污阀体积小、重量轻,而且结构简单、密封性好,材料耗用少、安装尺寸小,特别是驱动力矩小,操作简便,利用齿轮旋转90度带动阀杆提升实现开启和关闭的目的
截止阀	截止阀是使用很广泛的一种阀门,由于开闭过程中密封面之间摩擦力小,经久耐用,开启高度不高,生产简单,维修方便,不仅适用于中低压,而且适用于高压
止回阀	启闭件完全依靠介质流动带来的力量自行开启或关闭,以防止介质倒流的阀门叫止回阀
球阀	球阀是利用带有圆形通道的球体作为启闭件的一种阀门,球体随着阀杆的转动来实现启闭动作
减压阀	减压阀是通过控制阀体内的启闭件的开度来达到调节介质流量的目的
调节阀	调节阀用于调节介质的流量、压力和液位。根据调节部位信号,自动控制阀门的开度,从而达到介质流量、压力和液位的调节
平衡阀	平衡阀是在水力工况下,起到动态、静态平衡调节的阀门
安全阀	安全阀是一种全自动阀门,它不需要借助于任何外力,而是利用介质本身的力来排出额定数量的流体
隔膜阀	隔膜阀的启闭件是一块用软质材料制成的隔膜,把阀体内腔与阀盖内腔及驱动部件隔开,所以称为隔膜阀
疏水阀	疏水阀是用于蒸汽管网及设备中,能自动排出凝结水、空气及其它不凝结气体,并阻水蒸汽泄漏的阀门
旋塞阀	旋塞阀结构简单,启闭迅速,流体阻力小。旋塞阀是用带通孔的塞体做为启闭件,通过塞体与阀杆的转动实现启闭动作的阀门
电磁阀	电磁阀是用来控制流体的自动化基础元件,属于执行器。电磁阀用于控制液压流动方向,工厂的机械装置一般都由液压钢控制,会用到电磁阀

(6)弹性密封副

非金属弹性材料、固体和半固体润滑脂类等组成的密封副。

(7)冷态工作压力

在-20℃到38℃介质门度时,阀门最大允许工作压力,缩写符号CWP。阀门的温度-压力等级由相关产品标准确定。

(8)允许工作压差

阀门在关闭状态下,阀门密封副能保证密封状态,允许进出口两端的工作压力差值。没有规定时,允许工作压力差按阀门的最大允许工作压力。

(9)双截断与排放阀门

对有两个独立密封副的阀门,包容在两个密封副之间体腔内的介质,在腔体压力泄放时,两个密封副同时能截断密封。

二、检测依据

1.《工业用阀门 阀门的压力试验》ISO 5208—1982

2.《工业阀门 压力试验》GB/T 13927—2008

3.《建筑给水排水及采暖工程施工质量验收规范》GB 50242—2002

三、试验要求

1. 安全提示

按本节介绍方法进行的压力试验，需要对气体或液体压力的安全性进行评估。

2. 试验设备

进行压力试验的设备，不应有施加影响阀门的外力。使用端部对夹紧试验装置时，阀门制造厂应能保证该试验装置不影响被试验阀门的密封性。对夹式止回阀和对夹式蝶阀等装配在配合法兰间的阀门，可用端部对夹紧装置。

3. 压力测量装置

用于测量试验介质压力的测量仪表的精度不应低于1.6级，并经校验合格。

4. 阀门壳体表面

(1)在壳体压力试验试验前，不允许对阀门表面涂漆和使用其他可以防止渗漏的涂层；允许无密封作用的化学防腐处理或衬里阀门的衬里存在。

(2)如再次进行压力试验，对已涂过漆的阀门，则可以不去除涂漆。

5. 试验介质

(1)液体介质可用含防锈剂的水、煤油或黏度不高于水的非腐蚀性液体；气体介质可用氮气、空气或其他惰性气体；奥氏体不锈钢材料的阀门进行试验时，所使用的水含氮化物量不超过100mg/L。

(2)上密封试验和高压密封试验应使用液体介质。

(3)试验介质的温度应在5~40℃之间。

(4)用液体介质试验时，应保证壳体的内腔充满试验介质。

6. 试验压力

(1)壳体试验压力

a. 当试验介质为液体时，试验压力至少是阀门在20℃时允许最大工作压力的1.5倍(1.5×CWP)。

b. 当试验介质为气体时，试验压力至少是阀门在20℃时允许最大工作压力的1.1倍(1.1×CWP)。

c. 当阀门需要进行气体介质试验要求时，试验压力应不大于阀门在20℃时允许最大工作压力的1.1倍(1.1×CWP)，且必须先进行液体介质的壳体试验，在液体介质的试验合格后，才进行气体壳体试验，并应采取相应的安全保护措施。

(2)上密封试验压力

试验压力至少是阀门在20℃时允许最大工作压力的1.1倍(1.1×CWP)。

(3)密封试验压力

当试验介质为液体时，试验压力至少是阀门在20℃时允许最大工作压力的1.1倍(1.1×CWP)。

当试验介质为气体时，试验压力为0.6±0.1MPa；当阀门公称压力小于PN10时，至少是阀门在20℃时允许最大工作压力的1.5倍(1.5×CWP)。试验压力至少是阀门在20℃时允许最大工作压力的1.1倍(1.1×CWP)。

(4)试验压力应在试验持续时间内得到保持。

7. 压力试验项目

(1)压力试验项目按照表2-45的要求

(2)表2-45中，某些试验项目是可“选择”的，当客户有要求时，应按表2-45的规定对“选择”项目进行试验。

压力试验项目要求　　**表 2－45**

试验项目	阀门范围	阀门类型					
		闸阀	截止阀	旋塞阀[a]	止回阀	浮动式球阀	蝶阀、固定式球阀
液体壳体试验	所有	必须	必须	必须	必须	必须	必须
气体壳体试验	所有	选择	选择	选择	选择	选择	选择
上密封试验[b]	所有	选择	选择	不适用	不适用	不适用	不适用
气体低压密封试验	≤DN100、≤PN250	必须	选择	必须	选择	必须	必须
	>DN100、≤PN100						
	≤DN100、>PN250	选择	选择	选择	选择	必须	选择
	>DN100、>PN100						
液体高压密封试验	≤DN100、≤PN250	选择	必须	选择	必须	选择[c]	选择
	>DN100、≤PN100						
	≤DN100、>PN250	必须	必须	必须	必须	选择	必须
	>DN100、>PN100						

a)由封式的旋塞阀,应进行高压密封试验,低压密封试验为“选择”;试验时应保留密封油脂。

b)除波纹管阀杆密封结构的阀门外,所有具有上密封结构的阀门都应进行上密封试验。

c)弹性密封阀门经高压密封试验后,可能降低其在低压工况的密封性能。

8. 试验持续时间

对于各项试验,保持试验压力的持续时间按表 2－46 的规定。

保持试验压力的持续时间　　**表 2－46**

阀门公称尺寸	保持试验压力最短持续时间(s)			
	壳体试验	上密封试验	密封试验	
			止回阀	其他阀门
≤DN50	15	15	15	60
DN65～DN150	60	60	60	60
DN200～DN300	120	60	120	60
≥DN350	300	60	120	120

注:保持试验压力最短持续时间是指阀门内试验介质压力升至规定值后,保持该试验压力的最少时间。

四、检测方法

1. 壳体试验

(1)封闭阀门的进出各端口,阀门部分开启,向阀门壳体内充入试验介质,排净阀门体腔内的空气,逐渐加压到 1.5 倍的 CWP,并按表 2－46 的时间要求保持试验压力,然后检查阀门壳体各处的情况(包括阀体、阀盖连接法兰、填料箱等各连接处)。

(2)壳体试验时,对可调阀杆密封结构的阀门,试验期间阀杆密封应能保持阀门的试验压力;对于不可调阀杆密封(如“O”型密封圈,固定的单圈等)试验期间不允许有可见的泄漏。

(3)如有气体介质的壳体试验要求时,应先进行液体介质的试验,试验结果合格后,排净体腔内的空气,用阀门设计给定的操作机构开启阀门到全开位置,逐渐加压到 1.1 倍的 CWP,按表 2－

46 的时间要求保持试验压力,观察阀杆填料处的情况。

2. 上密封试验

对具有上密封结构的阀门,封闭阀门的进出各端口,向阀门壳体内充入液体的试验介质,排净阀门体腔内的空气,用阀门设计给定的操作机构开启阀门到全开位置,逐渐加压到 1.1 倍的 CWP,按表 2-46 的时间要求保持试验压力,观察阀杆填料处的情况。

3. 密封试验方法

(1)一般要求

a. 试验期间,除油封结构旋塞阀外,其他结构阀门的密封面应是清洁的。为防止密封面被划伤,可以涂一层黏度不超过煤油的润滑油。

b. 有两个密封副、在阀体和阀盖有中腔结构的阀门(如:闸阀、球阀、旋塞阀等),试验时应将该中腔内充满试验压力的介质。

c. 除止回阀外,对规定了介质流向的阀门,应按规定的流向施加试验压力。

d. 试验压力按试验压力一节的要求施加。

(2)主要类型阀门的试验方法和检查按表 2-47 的规定

密封试验 **表 2-47**

阀门种类	试验方法
闸阀 球阀 旋塞阀	封闭阀门两端,阀门的启闭件处于部分开启状态,给阀门内腔充满试验介质,逐渐加压规定的试验压力,关闭阀门的启闭件;按规定的时间保持一端的试验压力,释放另一端的压力,检查该端的泄漏情况。 重复上述步骤和动作,将阀门换方向进行试验和检查
截止阀 隔膜阀	封闭阀门对阀座密封不利的一面,关闭阀门的启闭件,给阀门内腔充满试验介质,逐渐加压到规定的试验压力,检查另一端的泄漏情况
碟阀	封闭阀门的一端,关闭阀门的启闭件,给阀门体腔充满试验介质,逐渐加压规定的试验压力,按规定的时间保持试验压力不变,检查另一端的泄漏情况。 重复上述步骤和动作,将阀门换方向进行试验
止回阀	止回阀在阀瓣关闭状态,封闭止回阀出口端,给阀门内充满试验介质,逐渐加压到规定的试验压力,检查进口端的泄漏情况
双截断与 排放结构	关闭阀门的启闭件,在阀门的一端充满试验介质,逐渐加压到规定的试验压力,在规定的时间内保持试验压力不变,检查两个阀座中腔的螺塞孔处的泄露情况。 重复上述步骤和动作,将阀门换方向试验另一端的泄漏情况
单项密 封结构	关闭阀门的启闭件,按阀门标记显示的流向方向封闭该端,充满试验介质,逐渐加压到规定的试验压力,在规定的时间内保持试验压力不变,检查另一端的泄漏情况

五、结果判定

1. 壳体试验

壳体试验时,不应有结构损伤,不允许有可见渗漏通过阀门壳壁和任何固定的阀体连接处(如:中口法兰);如果试验介质为液体,则不得有明显可见的液滴或表面潮湿。如果试验介质是空气或其他气体,应无气泡漏出。

2. 上密封试验

不允许有可见的泄漏。

3. 密封试验

(1)不允许有可见泄漏通过阀瓣、阀座背面与阀体接触面等处,并应无结构损伤(弹性阀座密封面的塑性变形不作为结构上的损坏考虑）。在试验持续时间内，试验介质通过密封副的最大允许泄漏率按表 2－48 的规定。

（2）泄漏率的等级的选择应是相关阀门产品标准规定或订货合同要求中更严格的一个。若产品标准中没有特别规定时，非金属弹性密封副阀门按表 2－48 的 A 级要求，金属密封副阀门按按表 2－48 的 D 级要求，等同规格的阀门按表 2－49 要求。

密封试验允许最大泄漏率　**表 2－48**

试验介质	允许泄漏率										
	泄漏率单位	A 级	AA 级	B 级	C 级	CC 级	D 级	E 级	EE 级	F 级	G 级
液体	mm^3/s	在试验压力持续时间内无可见泄漏	0.006×DN	0.01×DN	0.03×DN	0.08×DN	0.1×DN	0.3×DN	0.39×DN	1×DN	2×DN
	滴/min		0.006×DN	0.01×DN	0.03×DN	0.08×DN	0.1×DN	0.29×DN	0.37×DN	0.96×DN	1.92×DN
气体	mm^3/s	在试验压力持续时间内无可见泄漏	0.18×DN	0.3×DN	3×DN	22.3×DN	30×DN	300×DN	470×DN	3000×DN	6000×DN
	气泡/min		0.18×DN	0.28×DN	2.75×DN	20.4×DN	27.5×DN	275×DN	428×DN	2750×DN	5500×DN

注：1. 泄漏率指 1 个大气压力状态。

2. 阀门的 DN 按标准表 2－49 规定“等同的规格”的公称尺寸数值。

等同规格的 DN 数　**表 2－49**

DN	NPS	铜管用缩径端	塑料管用缩径端
8	1/4	8	－
10	－	10、12	10、12
15	1/2	14、14.7、15、16、18	14.7、15、16、18
20	3/4	21、22	20、21、22
25	1	25、27.4、28	25、27.4、28
32	$1\frac{1}{2}$	34、35、38	32、34
40	$1\frac{1}{2}$	40、40.5、42	40、40.5
50	2	53.6、54	50、53.6
65	$2\frac{1}{2}$	64、66.7、70	63
80	3	76.1、80、88.9	75、90
100	4	108	110
125	5	－	－
150	6	－	－
200	8	－	－
250	10	－	－
300	12	－	－
350	14	－	－
400	16	－	－
450	18	－	－

续表

DN	NPS	铜管用缩径端	塑料管用缩径端
500	20	–	–
600	24	–	–
650	26	–	–
700	28	–	–
750	30	–	–
800	32	–	–
900	36	–	–
1000	40	–	–

思　考　题

1. 阀门按其作用和用途可分为哪些类?
2. 简述阀门壳体试验过程。
3. 阀门压力试验前应注意哪些事项?

第八节　电工套管

一、基本概念

建筑用绝缘电工套管是以PVC－U树脂为主要原料,添加各种稳定剂、防老化剂、抗冲击剂和其他助剂经挤出加工而成型的各种规格型号的硬质聚氯乙烯管材。广泛应用于建筑工程之混凝土内、楼板间或墙内作电线导管亦可作为一般配线导管及邮电通讯用管等。该产品具有抗压力强、耐腐蚀、防虫害、阻燃、绝缘等优异性能,施工中还具有质轻、易截断、易弯、安装实施方便、施工快捷等优点。

建筑用绝缘电工套管在工程上有着广泛的应用,由于使用目的不同,绝缘电工套管的类型多种多样。按联接形式可分为:螺纹套管和非螺纹套管;按机械性能可分为:低机械应力型套管(以下简称轻型)、中机械应力型套管(以下简称中型)、高机械应力型套管(以下简称高型)、超高机械应力型套管(以下简称超重型);按弯曲特点可分为:硬质套管(冷弯型硬质套管、非冷弯型硬质套管)、半硬质套管、波纹套管;按温度分,见表2－50;按阻燃特性分可分为:阻燃套管、非阻燃套管。

电工套管按温度的分类　　表2－50

温度等级	温度不低于(℃)		长期使用温度范围(℃)
	运输及存放	使用及安装	
－25型	－25	－15	－15～60
－15型	－15	－15	－15～60
－5型	－5	－5	－5～60
90型	－5	－5	－5～60
90/－25型	－25	－15	－15～60

注:此类套管在预制混凝土中可承受90℃作用。

电工套管的基本格式为

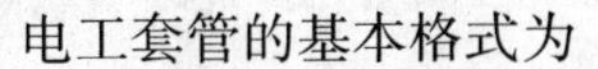

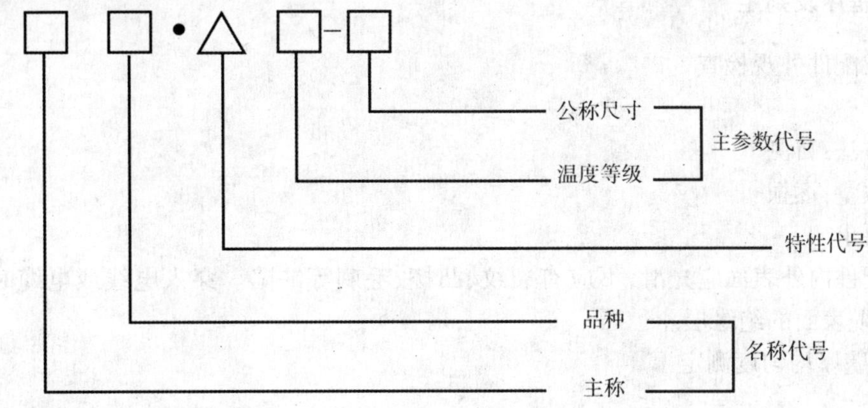

其代号规定为:

(1)名称代号

主称——套管,G;

品种——硬质管,Y;

半硬质管,B;

波纹管,W。

(2)特性代号

轻型,2;

中型,3;

重型,4;

超重型,5。

(3)主参数代号

温度等级——25 型,25;

——15 型,15;

——5 型,05;

——90 型,90;

——90、-25 型,95。

公称尺寸:16,20,25,32,40,50,63。

二、检测依据

1.《建筑用绝缘电工套管及配件》(JG 3050—1998);

2.《建筑内部装修设计防火规范》(GB 50222—1995);

3.《塑料燃烧性能试验方法氧指数法》(GB/T 2406—1993)。

三、环境条件

除非另有规定,试验应在环境温度为 23 ±2℃条件下进行。

四、预处理与试样制备

1. 除非另有规定,每项试验应取 3 个试样进行试验。

2. 试验应在产品生产出 10 天后进行。

五、检测程序及判定

1. 套管及配件外观检查

(1)外观

①测定方法:目测

②检测数量:逐根

③技术要求

套管及配件内外表面应光滑,不应有裂纹、凸棱、毛刺等缺陷。穿入电线或电缆时,套管不应损伤电线、电缆表面的绝缘层。

(2)套管壁厚均匀度测定

①仪器

分度值为0.02的游标卡尺。

②测定方法

取三根长度为1000mm套管,沿套管的径向测量壁厚,每个截面上取四个尽可能距离相等的分布点进行测量,其中一测量点应为最薄点。三根管共测得12个数据,其平均值为A,单位为mm。

③技术要求

每个测量值与A的偏差$\triangle A$不应超出$\pm(0.1+0.1A)$mm范围。

2. 套管规格尺寸测定

(1)套管最大外径测定

①仪器

套管最大外径量规。

②测定方法

取三根长度为1000mm的套管,按表2-51选定量规,测定相应规格的套管。

套管最大外径量规(mm)　　**表2-51**

套管公称尺寸	d_{1g}	b	d
16	16.04	12	45
20	20.04	12	45
25	25.04	16	60
32	32.04	18	70
40	40.04	18	70
50	50.04	20	85
63	63.04	20	100

注:制造公差:-0.01mm,允许磨损:+0.01mm,材料:钢。

③技术要求

量规应能在其自重作用下通过套管。

(2)套管最小外径的测定

①仪器

套管最小外径量规

②测定方法

取三根长度为1000mm的套管

a. 硬质套管按表 2－52 选定量规，测定相应规格的套管。

硬质套管最小外径量规(mm)　　表 2－52

套管公称尺寸	C	制造误差	允许磨损	e_1	e_2	g	S
16	15.70	0 －0.018	+0.018 0	8	17	18	8
20	19.70	0 －0.022	+0.022 0	10	23	27	9
25	24.60	0 －0.022	+0.022 0	10	23	27	9
32	31.60	0 －0.025	+0.025 0	12	29	34	10
40	39.60	0 －0.030	+0.030 0	14	35	42	10
50	49.50	0 －0.030	+0.030 0	16	42	52	12
63	62.40	0 －0.030	+0.030 0	18	49	65	12

注：材料－钢。

b. 半硬质套管及波纹套管按表 2－53 选定量规，测定相应规格的套管。

半硬质套管及波纹套管最小外径量规(mm)　　表 2－53

套管公称尺寸	d_{1g}	b	d
16	15.7	24	45
20	19.7	24	45
25	24.6	32	60
32	31.6	36	70
40	39.6	36	70
50	49.5	40	85
63	62.4	40	100

③技术要求

套管不能通过量规。

(3)套管最小内径测定

①仪器

套管最小内径量规，分度值为 0.02mm 的游标卡尺。

②测定方法

取三根长度为 1000mm 的套管，硬质套管按表 2－54 选定量规，测定相应规格的套管。半硬质套管及波纹套管用游标卡尺测量其内径，沿每根套管圆周均分出 3 个值，三根套管共测得 9 个内径值。

硬质套管最小内径量规　　表 2－54

套管公称尺寸	直径 d_{2g}(mm)	L(mm)	R(mm)
16	11.9	50	3
20	15.5	50	3
25	20.3	60	3
32	26.3	75	3
40	34.1	80	3
50	42.8	105	3
63	55.2	115	3

③技术要求

硬质套管量规应能在其自重作用下通过套管。

半硬质套管及波纹管每个测量值不应小于表 2－55 规定的最小内径值。

半硬质套管及波纹管最小内径量规　　表 2－55

套管公称尺寸	半硬质、波纹套管最小内径 d_1(mm)
16	10.7
20	14.1
25	18.3
32	24.3
40	31.2
50	39.6
63	52.6

(4)最小壁厚测定

①仪器

分度值为 0.02mm 的游标卡尺。

②测定方法

取一段套管，沿横截面 4 个等分点，用游标卡尺测试其中一点为最薄点，取 4 点数据的平均值。

③技术要求

最小壁厚应符合表 2－56 规定的要求。

硬质套管最小壁厚　　表 2－56

套管公称尺寸	硬质套管最小壁厚(mm)
16	1.0
20	1.1
25	1.3
32	1.5
40	1.9
50	2.2
63	2.7

(5)套管及配件的螺纹尺寸测定

①仪器

螺纹检测量规。

②测定方法

按表2－57选择量规,测定相应规格的螺纹。

螺纹检测量规　　　　表2－57

量规规格	螺纹量规						平波量规孔直径 $D\pm0.015$ mm	量规直径 D_s mm	量规厚 b (mm)
	螺纹外径 d min(mm)	节圆直径 $d\pm0.012$ (mm)	d_z 直径允许磨损	螺纹内径 $d\pm0.012$ (mm)	制造公差				
					螺距,超过10个螺纹(mm)	螺纹半角(′)			
M16	16.090	14.982	+0.0255	14.344	±0.005	±12	15.593	45	12
M20	20.090	18.982	+0.0255	18.344	±0.005	±12	19.593	45	12
M25	25.090	23.982	+0.0255	23.344	±0..005	±12	24.593	60	16
M32	32.090	30.982	+0.0255	30.344	±0.005	±12	31.593	70	18
M40	40.090	38.982	+0.0255	38.344	±0.005	±12	39.593	70	18
M50	50.090	48.982	+0.0255	48.344	±0.005	±12	49.593	85	20
M63	63.090	61.982	+0.0255	61.344	±0.005	±12	62.593	100	20

③技术要求

在不需要很大力的作用下,螺纹量规可旋在套管或配件的螺纹上,且该量规不能在套管或配件螺纹上滑过。

3.套管抗压性能测定

(1)仪器

压力试验装置;分度值为0.02mm的游标卡尺;50mm×50mm×50mm的正方体钢块。

(2)测定方法

取三根长度为200mm长的试件,测出其外径然后将试样放在温度为23±2℃环境中调节10h以上,将试样水平置于钢板上,在试样上面的中部放置正方体钢块,对正方体钢块施加压力:

①硬质套管在30s内均匀加荷达到表2－58中规定的相应压力值;持荷1min时,测出受压处外径;撤去荷载1min时,再测套管受压处外径。

套管砝码压力　　　　表2－58

套管类型	压力(N)	套管类型	压力(N)
轻型	320	重型	1250
中型	750	超重型	4000

②半硬质套管及波纹套管在加荷30s时,套管外径变化率在大于30%,小于50%的范围内,且此压力值不低于表2－58中规定的相应值。持荷1min后撤去荷载,15min后测量套管受压处外径。

③外径变化率 D_f,按式(2－17)计算:

$$D_f=\frac{受压前外径-受压后外径}{受压前外径}\times100\% \tag{2-17}$$

(3)技术要求

①硬质套管持荷1min时,测量受压处外径,此时的外径变化率 D_f 应小于25%;撤去荷载1min

时，再测套管受压处外径，此时的外径变化率 D_f 应小于10%。

②半硬质套管及波纹套管持荷1min后撤去荷载，15min后测量套管受压处外径，外径变化率 D_f 应小于10%。

4. 套管抗冲击性能测定

(1)仪器

冲击试验仪。

(2)测定方法

①取200mm长试样12根，将其置于60±2℃的烘箱内预处理240h。

②将冲击试验仪及预处理后的样品一起放入低温箱中，冲击仪下面应垫有一块40mm厚的泡沫橡胶垫。低温箱内温度控制如下：

a. -5型和90型套管，低温箱温度为-5±1℃；

b. -15型套管，低温箱温度为-15±1℃；

c. -25型和90/-25型套管，低温箱温度为-25±1℃。

③试样及冲击试验仪在低温箱规定温度下放置2h后，将试样放在装置的底座上。按表2-59选择相应规定的重锤及下落高度，冲击套管。

冲击试验重锤及下落高度　　表2-59

套管类型	能量(J)	重锤重量(kg)	下落高度(mm)
轻型	1.0	1.0	100±1
中型	2.0	2.0	100±1
重型	6.0	2.0	300±1
超重型	20.0	6.8	300±1

(3)技术要求

试验后12根套管中至少应有10根不破裂或不出现可见裂纹。

5. 套管弯曲性能测定

(1)仪器

①硬质套管弯曲试验仪；

②半硬质套管及波纹套管弯曲试验仪；

③半硬质套管及波纹套管弯曲后最小内径量规；

④提醒钢丝制作的弹簧，弹簧外径小于规定套管内径0.70~1.0mm。

(2)测定方法

只对公称尺寸为16、20、25的硬质套管进行弯曲试验。

取500mm长硬质套管试样六根，其中三根试样在常温下进行，另三根试样放入低温箱内。低温箱的温度控制如下：

①-5型和90型套管，低温箱温度为-5±2℃；

②-15、-25型和90/-25型套管，低温箱温度为-15±2℃。

将弹簧也同时放入低温箱内，当试样和弹簧在低温箱规定温度下放置2h后，取出弹簧和套管，立即将弹簧插入套管内，用固定夹具固定套管，然后缓慢地压下带滚轮的手柄，将套管弯曲成180°，放开手柄，使套管弯曲成大约90°，弯曲半径按表2-60选择，并撤出弹簧。

硬质套管弯曲半径(mm)　　表2-60

套管公称尺寸	R_1 型轮横半径	R_2 型轮横半径	r 型轮及弯曲轮槽半径	D 弯曲轮槽半径
16	48	84	8.1	24
20	60	105	10.1	30
25	75	131.25	12.6	37.5

对半硬质套管及波纹套管取六根试样,每根试样长度至少为:

半硬质套管:长度为其外径的30倍;

波纹套管:长度为其外径的12倍。

其中三根试样置于低温箱,箱内温度控制同硬质套管规定,另三根试样在常温下进行试验。

将低温箱内处理好的套管取出立即进行试验,将套管垂直放于弯曲装置中进行弯曲,弯曲半径按表2-61规定选择。先向左弯曲大约90°,然后回到垂直位置,1min后再向右弯曲大约90°,回到垂直位置停留1min,以上操作重复进行4次,在最后一次不将试件弯回到垂直位置,而使其处于与垂直成45°的弯曲位置保持5min,然后将套管一端朝上,一端朝下,按表2-62选择相应量规。

半硬质套管及波纹套管弯曲半径(mm)　　表2-61

套管公称尺寸	半径 r	
	半硬质套管	波纹套管
16	96	48
20	120	60
25	150	75
32	192	96
40	300	160
50	480	200
63	600	252

半硬质套管及波纹套管试验量规(mm)　　表2-62

套管公称尺寸	直径 D
16	8.6
20	11.3
25	14.6
32	19.4
40	25.0
50	31.7
63	41.0

(3)技术要求

①硬质套管要求弹簧及套管均无损伤且套管试样表面应无可见裂纹。

②半硬质套管及波纹套管要求六根套管表面应无可见裂纹,且量规可自由滑落出套管。

6. 套管弯扁性能测定

(1)仪器

硬质套管弯曲装置。硬质套管弯曲后最小内径量规表2-63。

半硬质套管及波纹套管弯曲装置。半硬质套管及波纹套管弯曲后最小内径量规见表2-62。

硬质套管弯曲后最小内径量规(mm) **表2-63**

套管公称尺寸	直径 D
16	10.2
20	13.1
25	16.8

(2)测定方法

只对公称尺寸为16、20、25的硬质套管进行弯扁试验。

对硬质套管,取试样三根,其长度为表2-64的规定。

按弯曲试验规定的弯曲装置及弯曲半径,将套管一次弯成90°,然后将试样固定在刚性支架上。将固定好试样的刚性支架置于温度为60±2℃的烘箱中,恒温24h后,按表2-63规定选择相应的量规,使试样与垂直线成45°的位置,即一端向上,一端向下。

硬质套管弯扁试验试样长度(mm) **表2-64**

公称尺寸	试样长度	公称尺寸	试样长度	公称尺寸	试样长度
16	340	20	370	25	450

对半硬质套管及波纹套管取三根试样,每根试样长度至少为:

半硬质套管:长度为其外径的30倍;

波纹套管:长度为其外径的12倍。

按弯曲试验规定的弯曲装置及弯曲半径进行弯曲试验,首先将试样弯曲成90°,然后弯回到垂直位置,随后向相反方向弯曲约90°,弯曲后将试样固定在支架上。

将固定好试样的刚性支架置于温度为60±2℃的烘箱中,恒温24h后,按表2-62规定选择相应的量规,使试样与垂直线成45°的位置,即一端向上,一端向下。

(3)技术要求

对硬质套管,半硬质套管及波纹套管均要求量规应能在其作用下从套管中自由滑落。

7. 套管及配件跌落性能测定

(1)测定方法

①从套管上截取760mm试样三根,两端面应平整且端面与管轴垂直,然后与配件连接好,置于温度为-20±1℃的低温箱中,当试样在-20℃的低温箱内放置2h后,取出试样立即进行试验。

②首先使套管与混凝土地面成45°且装有配件的一端朝下,自由落下,第二次使试样与混凝土地面平行自由落下。下落高度为试样最低点距混凝土地面高1500mm。

(2)技术要求

试验后观察套管及配件表面,要求无破损或裂纹。

8. 套管及配件耐热性能测定

(1)仪器

硬质套管及配件耐热试验装置;

半硬质套管及波纹套管耐热试验装置,分度值为0.02mm的游标卡尺。

(2)测定方法

①硬质套管及配件取三根80mm长套管，沿套管轴向剖开成两片，各取其中一片为试样。配件可视其具体情况从配件上制取。

将试样及耐热试验仪一起放入温度为60±2℃的烘箱内，试样放于耐热仪的平板上，将下端带有直径为5mm的钢珠锥形物放在试样上，在20N压力作用下（对于套管应压在其凹面处）保持1h，到达规定的时间后取出试样，在室温下冷却后用游标卡尺测定。

②半硬质套管及波纹套管取三根长为100mm试样，将试样与耐热试验仪一起放入烘箱内，烘箱内的温度控制如下：

-5型、-15型、-25型套管，烘箱温度为60±2℃，90型、90/-25型套管，烘箱温度为90±2℃.

试样与耐热仪在烘箱内保持4h，然后将试样放在耐热仪上，试样上放置一根直径为6mm的钢杆，钢杆的轴线成正交位置，试样通过钢杆被施加如表2-65的规定荷载。

半硬质套管及波纹套耐热试验施加荷载（kg）　表2-65

套管类型	荷载	套管类型	荷载
轻型	1.0	重型	2.0

试样被加荷后保持24h，然后试样在保持受荷作用下冷却至室温，撤去荷载，立即将试样竖起，选定相应的量规。

（3）技术要求

硬质套管要求游标卡尺测定的压痕直径 d_1 其值不应大于2mm；

半硬质套管及波纹套管要求量规在其自重作用下从套管中自由滑落。

9. 阻燃性能测定

测试设备为秒表，喷嘴内径为9mm的本生灯，燃气源为液化石油气。

测试时，使本生灯处于垂直位置，调节液化石油气流和本生灯倾斜与水平成45°，向套管施加火焰时，应使本生灯产生的蓝色锥心焰心的顶部与套管表面相接触，且此接触点距套管低端的距离为100mm。对于配件试验，受火处应为配件。

硬质套管及配件应按表2-66的规定施加火焰。

半硬质套管及波纹套管应按表2-67的规定施加火焰。

按表2-66，表2-67的规定完成操作后，移去火源。

在实验中，如果试样被点燃，应无明显的火焰传播。搬去火源后，套管或配件的火焰应在30s内熄灭。

硬质套管施加火焰时间　表2-66

实验材料厚 A（mm）	施加火焰时间及操作
$A\leqslant2.5$	间隔性施加火焰三次，每次施加火焰25s，间隔5s
$2.5\leqslant A\leqslant3.0$	施加火焰一次，时间80s
$A\geqslant3.0$	施加火焰一次，时间125s

半硬质套管施加火焰时间　表2-67

实验材料厚 A（mm）	一次性施加火焰，施火时间（s）	实验材料厚 A（mm）	一次性施加火焰，施火时间（s）
$A\leqslant2.5$	15	$3.5<A\leqslant4.0$	75
$0.5<A\leqslant1.0$	20	$4.0<A\leqslant4.5$	85

续表

实验材料厚 A(mm)	一次性施加火焰，施火时间(s)	实验材料厚 A(mm)	一次性施加火焰，施火时间(s)
$1.0 < A \leqslant 1.5$	25	$4.5 < A \leqslant 5.0$	130
$1.5 < A \leqslant 2.0$	35	$5.0 < A \leqslant 5.5$	200
$2.0 < A \leqslant 2.5$	45	$5.5 < A \leqslant 6.0$	300
$2.5 < A \leqslant 3.0$	55	$6.0 < A \leqslant 6.5$	500
$3.0 < A \leqslant 3.5$	65		

10. 电气性能测定

(1)仪器

铜电极，500V 直流电源，2000V、50Hz 正交波形交流电源，0～10μA 电流表，万用表、钢珠。

(2)测定方法

①套管测定方法

a. 绝缘强度

取三根长 1200mm 套管弯曲成 180°并固定好，将试样放在水中，试样放入水中的长度为 1000mm。然后在样管中充水，管中水面高度与外部水面高度相同，水温为 23 ±2℃。

将两个电极分别插入套管内及套管外的水中，24h 后，在两电极间施加 2000V 频率为 50Hz 的正弦波型电压，15min 内套管不被击穿。

b. 绝缘电阻

另取三根长度为 1200mm 的套管，在每根套管一端包一层至少 10mm 长的导电层，将套管弯曲成 U 形状并固定好。将 1000mm 长度的试样放入水中，然后在样管中充水，管中水面与外部高度相同。要求水温在 60 ±2℃下恒温 2h，2h 后在电极两端施加 500V 直流电压，套管端包上的导电层也接入电路，1min 后进行测量。

②配件测定方法

a. 配件绝缘强度

将配件与套管相接的端口用绝缘材料堵好，其中一个端口应可穿入两根电线，电线在试样的长度为 25mm，且试样内两电线的端部去掉绝缘层长 12.5mm，两电线的端头应有 12.5mm 的距离。将钢珠填满试样，钢珠最大直径为 2.5mm。

对非绝缘螺钉固定的试样，按生产厂家要求的方式将试样装配好。

将试样放入一个容器内，并用钢珠填满容器。用万用表测量两电线间电阻，以检测试样内钢珠的导电性。要求此电阻导电性不应大于 10Ω。

将一个电极插在容器中试样外的钢珠内，在电极和电线间加 2500V 频率为 50Hz 正弦波形电压，在 15min 内不击穿。

b. 绝缘电阻

在电极与电线间加 500V 直流电压 1min，测其绝缘电阻，其阻值不应小于 100MΩ。

六、实例

现有一根型号为 GY · 305 – 20 的电工套管，举例说明套管抗压试验步骤。

答：首先此套管为硬质套管，温度等级为 5 型，机械性能为中型，公称尺寸为 20。

取三根长度为 200mm 长的试件，测出其外径（表 2 – 68）然后将试样放在温度为 23 ±2℃环境中调节 10h 以上，将试样水平置于钢板上，在试样上面的中部放置正方体钢块，对正方体钢块施加压力,硬质套管在30s内均匀加荷达到750N;持荷1min时,测出受压处外径,测得数据(表2-68),撤去荷载1min时,再测套管受压处外径,测得数据(表2-68)。

利用公式 $D_f = \dfrac{\text{受压前外径} - \text{受压后外径}}{\text{受压前外径}} \times 100\%$,计算结果(表2-68)

试验数据　　表2-68

	原始外径(mm)	持荷1min时受压处外径(mm)	卸荷1min受压处外径(mm)	持荷1min时外径变化率 D_f(%)	卸荷1min时外径变化率 D_f(%)
样品1	20.00	15.60	18.24	22.0	8.8
样品2	20.00	15.80	18.46	21.0	7.7
样品3	20.00	15.92	18.50	20.4	7.5

由表2-68计算结果可看出,持荷1min时,电工套管此时的外径变化率 D_f 均小于25%,撤去荷载1min时,电工套管此时的外径变化率 D_f 均小于10%。所以此电工套管抗压试验判定合格。

思　考　题

1. 如何书写电工套管型号的基本格式?
2. 电工套管电气性能试验有哪些项目?
3. 简述电工套管抗压性能试验。
4. 简述套管冲击试验步骤。
5. 半硬质套管及硬质套管在各项试验中的实验步骤及判定的区别?
6. 阻燃试验的火焰要求,及火焰施加时间?
7. 各项试验的样品数量?

第九节　开　关

一、概述

本节开关主要分为一般通用开关、电子开关、遥控开关、延时开关等,仅适用于户内或户外使用的交流电、且额定电压不超过440V、额定电流不超过63A的家用和类似用途固定式电器装置的手动操作的一般用途开关,其使用环境通常要求不超过35℃但偶尔超过40℃。

按照《家用和类似用途固定式电气装置的开关第1部分:通用要求》(GB 16915.1—2003)中开关有多种分类方法,具体见表2-69。

开关分类方法　　表2-69

分类方法	分类种类	代号
按连接方式	单极开关	1
	双极开关	2
	三极开关	3
	三极加分合中线开关	03
	双控开关	6
	带公共进线双路开关	5

续表

分类方法	分类种类	代号
按连接方式	有一个断开位置双控开关	4
	双控双极开关	6/2
	双控换向开关（或中间开关）	7
按触头断开情况	正常间隙结构开关	–
	小间隙结构开关	–
	微间隙结构开关	–
	无触头间隙开关	–
按防有害进水保护等级	没有防有害进水保护开关	IPX0
	防溅开关	IPX4
	防喷开关	IPX5
按启动方法	旋转开关	–
	倒扳开关	–
	跷板开关	–
	按钮开关	–
	拉线开关	–
按安装方法	明装式开关	–
	暗装式开关	–
	半暗装式开关	–
	面板安装式开关	–
	框缘安装式开关	–
按设计决定的安装方法	无需移动导线便可拆卸盖或盖板的开关	–
	不移动导线便不能拆卸盖或盖板的开关	–
按端子类型	带螺纹型端子开关	–
	带仅适于连接硬导线的无螺纹型端子开关	–
	带适于连接硬导线和软导线的无螺纹端子开关	–
按防止与危险部件接触和防外部固体物进入的有害影响的保护等级	能防止手指接触危险部件和防止最小直径为12.5mm的外部固体物进入的有害影响开关	IP2X
	能防止钢丝与危险部件接触和防止最小直径为1.0mm的外部固体物进入的有害影响开关	IP4X
	能防止钢丝与危险部件接触和防尘开关	IP5X

二、检测依据

1.《家用和类似用途固定式电气装置的开关第1部分：通用要求》（GB 16915.1—2003）；

2.《家用和类似用途固定式电气装置的开关第2部分：特殊要求第1节：电子开关》（GB 16915.2—2000）；

3.《家用和类似用途固定式电气装置的开关第2部分：特殊要求第2节：遥控开关（RCS）》（GB

16915.3—2000)；

4.《家用和类似用途固定式电气装置的开关第2部分：特殊要求第3节：延时开关》(GB 16915.4—2003)；

5.《电工电子产品着火危险试验》(GB/T 5169.11—2006)。

三、检测环境

试验环境温度一般在15～35℃下，有怀疑时应选择20±5℃环境条件。

四、送样要求

1.只标有一种额定电压和一种额定电流的开关，需送检9个试样。其中用3个试样按顺序进行全部有关的试验，但荧光灯负载正常操作试验要用另一组3个试样(代号为2的开关，要用两组)，耐燃试验则要再用另外3个试样。

另外装有信号灯开关还需3个附加试样进行绝缘电阻和电气强度试验。拉线开关需3个附加试样进行机械强度试验。

2.标有两种额定电压和相应额定电流的开关需送检15个试样。每组组合额定电压和额定电流开关均要3个试样进行除荧光灯负载正常操作试验之外的试验，荧光灯负载正常操作试验需2组6个试样。

五、结果判定

1.用试样按顺序进行所有有关试验，如果所有试验均合格，则试样符合相关标准要求。有多于一个试样任一试验不合格，即判该试样不符合相关标准要求。

2.如果只有一个试样由于装配或制造上的缺陷，在一项试验中不合格，应在另一整组试样上按要求的顺序重复该项试验以及对该项试验结果有影响的前面的所有试验，而且，这整组试样试验结果均应符合要求后仍判定为合格。

3.送检单位可在按送样要求规定的数目送交试样的同时，送交附加的一组试样，以备万一有试样不合格时需要。这样，检测单位无需等送检单位再次提出要求，即可对附加试样进行试验，并且只有再出现不合格时，才判为不合格。不同时送检附加试样者，一有试样不合格，便判为不合格。

六、操作步骤

1.防潮

(1)检测仪器

潮湿试验箱(温度维持40±2℃，空气相对湿度应维持在91%～95%之间)。

(2)技术要求

经潮湿处理之后，试样不应出现不符合本标准要求的损坏为合格。

(3)检测方法

①潮湿处理前检查

将3个开关在放入潮湿箱前检查如有进线孔，应让进线孔敞开着；如有敲落孔，则将其中一个敲落孔打开；不用工具即可拆下的部件要拆下并与主要部件一起经受潮湿处理；在处理期间，弹簧盖要打开；

②调节潮湿箱里空气相对湿度应维持在91%～95%之间，空气温度维持在40±2℃；

③潮湿箱温湿度满足条件后，将试样放进潮湿箱里，放置时间如下：

——防护等级等于 IPXO 的开关:2d(48h);

——防护等级高于 IPXO 的开关:7d(168h)。

④达到规定时间后,将试样取出立即进行绝缘电阻测量和电气强度试验。

(4)结果判定

经潮湿处理之后,试样不应出现影响继续使用的损坏。

2.绝缘电阻和电气强度

(1)检测仪器:绝缘电阻表、高压综合参数微机测试台

(2)技术要求

验证介电强度用的试验电压、试验电压施加点和绝缘电阻最小值　表 2-70

待试绝缘部位	绝缘电阻最小值(MΩ)	试验电压(V)	
		额定电压不超过 130V 的开关	额定电压超过 130V 的开关
1.连接在一起的所有极与本体之间,开关要处于“通”位置	5	1250	2000
2.依次在每个极与连接到本体的所有其他极之间,开关要处于“通”位置	2	1250	2000
3.开关处于“通”位置时,电气上连接在一起的端子之间,开关要处于“断”位置:			
——正常/小间隙结构;	2	1250	2000
——微间隙结构;	2	500(注 2)	1250(注 2)
——半导体开关装置	(注 3)	(注 3)	(注 3)
4.与带电部件绝缘时,开关机构的金属部件与下列部位之间:			
——带电部件;	5	1250	2000
——与旋钮或类似的起动元件的表面接触的金属箔;	5	1250	2000
——要求绝缘的钥匙操作开关的钥匙;	5	1250	2000
——要求绝缘的用以操作开关的拉线、链条或杆等的固定点;	5	1250	2000
——要求绝缘的底座的易触及金属部件,包括固定螺钉	5	1250	2000
5.如有绝缘衬垫,任何金属外壳与绝缘衬垫内表面接触的金属箔之间[4]	5	1250	2000
6.如果开关机构的金属部件不与带电部件绝缘,带电部件与易触及金属部件之间	-	1250	3000
7.带电部件与开关机构的部件之间,如果:			
——开关机构的部件不与易触及金属部件绝缘;	-	2000	3000
——开关机构的部件不与可取下的钥匙或操作用的拉线、链条或杆等的接触点绝缘	-	2000	3000
8.带电部件与金属旋钮、按钮和类似零部件之间	-	2500	4000

注:1.此值亦可用于正常操作后的电气强度试验;

2.额定电压不超过 250V 的开关要将此值降至 -750V 来进行防潮试验后的电气强度试验、-500V 来进行正常操作试验后的电气强度试验;

3.用以验证第 3 项中半导体开关装置断开位置的试验正在考虑中;

4.在必须有绝缘时才进行本试验。

(3)检测方法

①防潮试验后的 3 个试样在潮湿箱或在使试样达到了规定温度的房间里进行绝缘电阻和电气强度试验;

②施加约 500V 的直流电压,电压施加后 1min,量出绝缘电阻;

③向绝缘施加基本正弦波形的频率为 50Hz 或 60Hz 的电压 1min,且试验开始时,施加的电压

不大于规定值的一半，然后迅速升至规定值。

(4)结果判定

开关所测500V的直流电压时绝缘电阻不低于表2－70规定值，且绝缘施50Hz或60Hz的表2－70规定值电压期间不出现闪络或击穿现象为合格。

(5)注意事项

操作前应将开关任何信号灯的一个极脱开，并在将不用工具即可拆下的部件和为了试验而拆下了的部件重新装配好之后才能进行试验。

3.通断能力

(1)检测仪器：通断能力和正常操作试验装置。

(2)技术要求：不同规格型号开关有两种试验方法和技术要求。

①1.1倍额定电压和1.25倍额定电流试验200次，不出现持续闪弧，且试验之后，试样没有任何会不利于继续使用的损坏。

②开关以额定电压和1.25倍额定电流与200W钨灯试验，不出现持续闪弧，触头不熔焊。

(3)检测方法：

①将3个开关分别接上规定的PVC绝缘硬的铜导线，按GB 16915.1—2003图13中不同代号开关的连接方式连接，断开信号灯；

②除额定电流不超过16A且额定电压不超过250V的开关和代号为3和03且额定电压超过250V的开关，其他开关施加1.1倍额定电压和1.25倍额定电流试验200次，试验操作速度如下：

－额定电流不超过10A的开关，每分钟30次操作；

－额定电流超过10A但小于25A的开关，每分钟15次操作；

－额定电流不小于25A的开关，每分钟7.5次操作。

③额定电流不超过16A且额定电压不超过250V的开关和代号为3和03且额定电压超过250V的开关，需施加开关额定电压和1.2倍额定电流进行试验。试验时需用若干个200W钨丝灯来进行，且钨丝灯的个数要尽量少，短路电流至少1500A，试验速度同前。

(4)结果判定

试验后，试样不出现持续闪弧，且试验之后，试样没有任何会不利于继续使用的损坏，判定该项为合格。

4.正常操作

(1)检测仪器：通断能力和正常操作试验装置。

(2)技术要求：

开关在正常使用时出现的机械应力、电应力和热应力时，不会出现过度磨损或其他有害影响。

(3)检测方法：

①断开信号灯，分别给3个开关施加额定电压和额定电流；

②每个试样按表2－71所示操作次数进行试验；

正常操作试验用的操作次数　　**表2－71**

额定电流	开关的操作次数
≤16A，适用于额定电压不大于交流250V的开关，但代号为3和03的开关除外	40000
≤16A，适用于额定电压大于交流250V的开关和代号为3和03的开关	20000
>16～40A	10000
>40A	5000

③试验速度同通断能力。

④正常操作后分别进行电气强度试验和温升试验，但电气强度试验电压4000V减去1000V，其他开关减500V，温升试验电流为额定电流。

(4)结果判定

试验后，试样不出现以下情况为合格：

①不利于继续使用的磨损；

②如果标明了启动元件的位置，启动元件与动触头二者位置的不一致；

③外壳、绝缘衬垫或隔层损坏，致使开关不能再操作或已经不符合相关要求；

④密封胶渗漏；

⑤电气连接或机械连接松脱；

⑥代号为2,3,03或6/2的开关动触头相对位移。

5. 机械强度(适用所有类型开关)

(1)检测仪器：开关冲击试验装置

(2)技术要求

经试验后，试样带电部位不出现不符合GB 16915.1—2003要求的损坏。

(3)检测方法

①根据不同开关类型，分别将3个开关和开关盒按正常使用要求安装在规定胶合板上；

②以规定力矩将底座和盖的固定螺钉拧紧；

③按表2-72选元件下落高度；

冲击试验的跌落高度　　表2-72

跌落高度(mm)	外壳中待冲击的部位	
	防护等级为IPXO的开关	防护等级高于IPXO的开关
100	A和B	-
150	C	A和B
200	D	C
250	-	D

注：A. 正表面上的部位，包括凹陷部位；

B. 按正常使用要求安装好之后，突出安装表面(与墙壁的距离)不超过15mm的部位，上述A部位除外；

C. 按正常使用要求安装好之后，突出安装表面(与墙壁的距离)超过15mm但不超过25mm的部位，上述A部位除外；

D. 按正常使用要求安装好之后，突出安装表面(与墙壁的距离)超过25mm的部位，上述A部位除外。

④试样进行9次冲击，且均匀分布，避开敲落孔，同时冲击不同部位的方法如下：

——对A部位进行5次冲击：在中心处冲击一次，试样水平移动后，在中心与边缘之间的最不利点各冲击一次；然后在试样绕其垂直于胶合板的轴线转动90°之后，在类似点上各冲击一次；

——对B部位(如适用)，C部位和D部位，冲击4次；

——两次冲击在胶合板朝两个相反方向中的每个方向转动60°之后，向试样上能够进行冲击的两个侧面中的每个侧面冲击；

——两次冲击在试样绕其垂直于胶合板的轴线转动90°之后，而且，胶合板朝两个相反方向中的每个方向转动60°之后，向试样上能够进行冲击的另外两个侧面中的每个侧面冲击。

(4)结果判定

试验后，试样不应有不符合GB 16915.1—2003要求的损坏为合格。

6. 耐燃

(1)检测条件

①固定载流和接地电路部件至正常位置所需绝缘材料部件试验温度850℃；

②固定接地端子所需绝缘材料部件试验温度650℃；

③固定载流部件和接地电路部件至非正常位置所需绝缘材料部件试验温度650℃。

(2)技术要求

试样经灼烧期间和停止灼烧后30s内,观察试样、周围零部件及其试样下面绢纸,无可见火焰和持续灼烧,停止灼烧后30s内火焰熄灭,绢纸不起火,松木板不应烧焦。

(3)检测方法

①将一个试样按GB 10580规定标准环境条件下放置24h;

②根据试验绝缘材料部件,调节灼烧试验装置的试验温度;

③点火灼烧试样,仔细观察试样、周围零部件及其试样下面绢纸,并记录试样点着的时间和/或灼烧期间或灼烧之后火焰熄灭的时间,

(4)结果判定

试样经灼烧后,无可见火焰和持续灼烧,停止灼烧后30s内火焰熄灭,且绢纸不起火,松木板不应烧焦。

思考题

1. 开关的分类有哪些?
2. 开关的一般试验环境温度是多少度?
3. 通断能力防潮需注意哪些事项?
4. 简述电气强度试验过程。
5. 正常操作需注意哪些事项?
6. 机械强度试验需注意哪些事项?

第十节　插　座

一、基本概念

插座是指具有设计用于与插头的插销插合的插套、并且装有用于连接软电缆的端子的电器附件。插头主要是指具有设计用于与插套插合的插销,并且装有用于与软电缆进行电气连接和机械定位部件的电器附件。本节插座主要分为单相插座、三相插座,仅适用于户内或户外使用的交流电、且额定电压50V以上440V以下、额定电流不超过32A、带或不带接地触头的家用和类似用途固定式或移动式插座,其使用环境通常要求不超过35℃,但可偶尔超过40℃。

家用或类似用途插座标准代号为GB 1002—2008、GB 1003—2008、GB 2099.1—2008、GB 2099.2—2008。插头分类方法见表2-73,插座分类方法见表2-74,电器附件分类方法见表2-75。

插头分类方法　　表2-73

分类方法	分类种类	代号
按连接设备类别	0类设备用插头	-
	Ⅰ类设备用插头	-
	Ⅱ类设备用插头	-

插座分类方法　　表 2－74

按正常使用安装好后防触电保护等级	具有正常保护的电器附件	－
	具有加强保护的电器附件	－
按有无外壳	无外壳插座	－
	有外壳插座	－
按有无保护门	有保护门	－
	无保护门	－
按使用安装方法	明装式插座	－
	暗装式插座	－
	半暗装式插座	－
	镶板式插座	－
	框缘式插座	－
	移动式插座	－
	台式插座(一位或多位)	－
	地板暗装式插座	－
	器具上插座	－
按安装方法	无需移动导线即可拆卸盖或盖板的固定式插座	结构 A
	不移动导线便不能拆卸盖或盖板的固定式插座	结构 B
按指定用途分类	对所连接设备和插座的暴露导电部件(如有),有一个单独的接地电路提供接地保护的插座	－
	对所连接设备和接地电路希望提供抗电干扰电路的插座	－

电器附件分类方法　　表 2－75

按有害进水防护等级	普通电器附件	IPX0
	防溅电器附件	IPX4
	防喷电器附件	IPX5
按接地措施	无接地触头电器附件	－
	有接地触头电器附件	－
按连接软缆方法	可拆卸电器附件	－
	不可拆卸电器附件	－
按端子类型	带螺纹型端子电器附件	－
	带仅适于连接硬导线的无螺纹型端子电器附件	－
	带适于连接硬导线和软导线的无螺纹端子电器附件	－
按防触及危险部件和防固体外来物进入有害影响的防护等级分类	防用手指触及到危险部件和防直径 12.5mm 及以上固体外来物进入有害影响防护的电器附件	IP2X
	防用导线触及到危险部件和防直径 1.0mm 及以上固体外来物进入有害影响防护的电器附件	IP4X
	防用导线触及到危险部件和防灰尘的防护的电器附件	IP5X

二、检测依据

1.《家用和类似用途单相插头插座型式、基本参数和尺寸》(GB 1002—2008);
2.《家用和类似用途三相插头插座型式、基本参数与尺寸》(GB 1003—2008);
3.《家用和类似用途插头插座第一部分:通用要求》(GB 2099.1—2008)。

三、检测环境

试验环境温度无特殊规定时一般在15~35℃下,有怀疑时应选择20±5℃环境条件。

四、送样要求

只标有一种额定电压和一种额定电流的插座,需送检9个试样。其中用3个试样按顺序进行全部有关的试验,其中荧光灯负载正常操作试验要用另一组,每组3个试样,耐燃试验则要再用另外3个试样。

五、结果判定

1.用试样按顺序进行所有有关试验,如果所有试样各项试验均合格,判定为合格。有多于一个试样任一试验不合格,即判该试样不符合标准要求。

2.如果只有一个试样由于装配或制造上的缺陷,在一项试验中不合格,应在另一整组试样上按要求的顺序重复该项试验以及对该项试验结果有影响的前面的所有试验,而且,这整组试样试验结果均应符合要求后仍判定为合格。

3.备注:送检单位可在按第四条规定的数目送交试样的同时,送交附加的一组试样,以备万一有试样不合格时需要。这样,检测单位无需等送检单位再次提出要求,即可对附加试样进行试验,并且只有再出现不合格时,才判为不合格。不同时送检附加试样者,一有试样不合格,便判为不合格。

六、操作步骤

插座试验前确认电器附件的额定电压和额定电流值,并符合标准要求类型。对移动式插座,其额定电流不得大于插头额定值,额定电压不得低于插头额定值。

1.防潮

(1)检测仪器

潮湿箱(温度维持40±2℃,空气相对湿度应维持在91%~95%之间)。

(2)检测方法

①潮湿处理前检查

将插座在放入潮湿箱前检查,如有进线孔,应让进线孔敞开着;如有敲落孔,则将其中一个敲落孔打开;不用工具即可拆下的部件要拆下并与主要部件一起经受潮湿处理;在处理期间,弹簧盖要打开。

②调节潮湿箱里空气相对湿度应维持在91%~95%之间,空气温度维持在40±2℃。

③潮湿箱温湿度满足条件后且试样温度达到潮湿箱温度后,将试样放进潮湿箱里,放置时间如下:IP代码为XPO电器附件:2d(48h);IP代码高于IPXO电器附件:7d(168h)。

④达到规定时间后,将试样取出立即进行绝缘电阻测量和电气强度试验。

(3)技术要求和结果判定

经潮湿处理之后,立即进行绝缘电阻测量和电气强度试验,试样不应出现影响继续使用的损坏为合格。

(4)注意事项

防潮试验后应立即进行绝缘电阻和电气强度试验。

2. 电气强度

(1)检测仪器:绝缘电阻和电气强度试验装置。

(2)检测环境:40±2℃温度条件下进行试验。

(3)检测方法

①对额定电压130V及以下电器附件施加1250V正弦波形,频率50Hz的电压1min,对额定电压130V以上电器附件施加2000V正弦波形,频率50Hz的电压1min;

②电压施加开始时应不大于规定值一半,后再迅速提至规定值;

(4)技术要求和结果判定:

待测试样部件施加一定电压,施压期间不出现闪络或击穿现象为合格。

(5)注意事项

操作前应将不用工具即可拆下的部件和为了试验而拆下了的部件重新装配好之后方能试验。

3. 分断容量

(1)检测仪器:分断容量和正常操作试验装置。

(2)检测方法

①根据插座额定电流选定一定横截面积的绝缘导线;

②插座要用试验插头来试验,该试验插头的插销应由黄铜制成,而且应该有最大的规定尺寸,偏差为-0.06㎜,而且插销与插销之间的间距为标称距离,偏差为+0.05㎜,插销的端部应倒圆;

③试验电压是额定电压的1.1倍,试验电流是额定电流的1.25倍,并使用交流电($cps\varphi=0.6\pm0.05$)进行试验;

④将插头插入拔出插座50次(100个行程),插拔速率为:对额定电流不大于16A、额定电压不大于250V的电器附件,每分钟30个行程;对于其他电器附件,每分钟15个行程;

⑤插头与插座插拔过程通电流时间为:不大于16A的电器附件1.5+0.5s,大于16A的电器附件3+0.5s。

(3)技术要求及结果判定

试验期间,试样不得出现持续闪弧。试验之后,试样不能有影响进一步使用的损坏,插销的插孔不得有影响安全性能的损坏。

4. 正常操作

(1)检测仪器:通断能力和正常操作试验装置

(2)技术要求

插座在正常使用时出现的机械应力、电应力和热应力时,不会出现过度磨损或其他有害影响。

(3)检测方法

①插座要用试验插头来试验,该试验插头的插销应由黄铜制成,而且应该有最大的规定尺寸,偏差为$-^{0}_{0.06}$mm,而且插销与插销之间的间距为标称距离,偏差为$+^{0.05}_{0}$mm,插销的端部应倒圆,且试验用插销在4500和9000个行程后需更换;

②插头插入和拔出插座5000次(10000个行程),其插拔速率如下:额定电流不大于16A,额定电压小于等于250V的电器附件,每分钟30个行程;其他电器附件,每分钟15个行程,且额定电流不大于16A的电器附件插拔过程均通电流,其他均间隔一次插拔过程通电流。使用(($\cos\Phi=0.8\pm0.05$)的交流电以额定电压和一定电流进行试验;

③插拔过程通电流时间为:不大于16A的电器附件$1.5^{+0.5}_{0}$ s,大于16A的电器附件$3^{+0.5}_{0}$ s;

④多位开关需进行每种类型和额定值的一个插座上分别试验。

(4)结果判定

电器附件应能经受得住正常使用时出现的机械、电和电应力而不会出现过度的磨损或其他有害影响。试验期间,试样不得出现持续闪弧。

试验后,试样不出现以下情况为合格:

a.不利于继续使用的磨损;

b.外壳、绝缘衬垫或隔层劣化;

c.影响正常工作的插孔损坏;

d.电气机械连接松脱;

e.密封胶渗漏。

5.拔出插头所需的力

(1)检测仪器:插头拔出力检测装置

(2)技术要求:插头从插座拔出最大力不大于规定值,同时单级插销量规从插套组件拔出最小力不小于规定值。

(3)检测方法

①最大拔出力

a.固定插座于安装板上,并保持插座插套铅垂和插头插入孔朝下;

b.用化学脱脂棉擦去插销油脂后,用最大尺寸插销的试验插头插入插座并拔出10次,再插入并用适当加紧装置将承载砝码和附加砝码的砝码盘挂在插头上,试验过程中确保附加砝码大于规定最大拔出力的1/10;

c.记录主砝码、附加砝码、夹紧装置、砝码盘和插头共施加力即为最大拔出力。

②最小拔出力

a.从量规的横截面积尺寸、长度和总质量方面选择满足插头插座试验用的量规,并用化学脱脂棉擦去插销油脂;

b.将试验插销量规分别小心轻轻插入插座每个插套中,注意试验过程中去除保护门的影响,并保持插座处于水平状态,量规处于垂直朝下状态;

c.记录30s内量规有无从插套组件中脱落。

(4)结果判定

插座的最大拔出力和最小拔出力均满足时,拔出插座所需要的力即符合标准要求。

6.机械强度

(1)检测仪器

低温冲击试验装置、压缩性能检测仪、插销牢固性能检测仪。

(2)技术要求

电器附件应具有足够机械强度,能经受住安装和使用过程中产生的机械应力。

(3)检测方法

因不同类型插座其机械强度试验项目不同,这里仅介绍低温冲击试验、压缩性能试验、插销牢固性能试验。

①低温冲击试验

a.将放在40㎜厚的海绵胶块上的试验装置连同试样一起放进温度为-15 ± 2℃的冷冻箱里至少16h;

b. 达到规定时间后，依次将每个试样按照 GB2099.1—2008 中图 1 所示的方法放置在正常使用位置上，让落锤自 100 mm的高度跌落，该落锤的质量为 1000 ±2g；

c. 电器附件、明装式安装盒及螺纹压盖应有足够的机械强度，能经受得住安装及使用过程中产生的机械应力试验之后，试样不得出现 GB2099.1—2008 意义范围内的损坏。

②压缩性能试验

a. 环境温度：23 ±2℃；

b. 将试样放在 GB 2099.1—2008 图 22 所示的位置上，施加 300N 力，持续 1min。

c. 将试样从试验装置中取出 15min 后，试样不得出现 GB 2099.1—2008 意义范围内的损坏。

③插销牢固性能试验

a. 将插头按照 GB 2099.1—2008 图 25 的要求放置好，朝插销纵轴的方向，依次向每个插销施加等于 GB 2099.1—2008 表 16 规定的最大拔出力达 1min，施力时，不得用暴发力。

b. 把插头放置在温度为 70 ±2℃的加热箱里，1h 之后，在加热箱内施加拉力。

c. 试验结束后，使插头冷却到环境温度。

d. 任何插销在插头本体的位移不得大于 1 mm。

(4) 结果判定

试样经低温冲击试验、压缩性能检测后不应出现影响继续使用的损坏，否则判定为不合格。经插销牢固性能试验后，任何插销在插头本体的位移不超过 1 mm判为合格。

7. 耐燃

(1) 检测条件

①用于固定式电器附件的载流部件和接地电路部件至正常位置所需绝缘材料部件试验温度 850℃，用以将接地端子保持在安装盒内正常位置的绝缘材料部件试验温度 650℃；

②用于移动式电器附件的载流部件和接地电路部件至正常位置所需绝缘材料部件试验温度 750℃；

③固定载流部件和接地电路部件至正常位置所需绝缘材料部件试验温度 650℃。

(2) 检测方法与结果判定

①根据试验绝缘材料部件，调节灼烧试验装置的试验温度；

②点火灼烧试样，仔细观察试样、周围零部件及其试样下面绢纸，并记录试样点着的时间和/或灼烧期间或灼烧之后火焰熄灭的时间等情况。

(3) 技术要求及结果判定

试样经灼烧期间和停止灼烧后 30s 内，观察无可见火焰和持续辉光，停止灼烧后 30s 内火焰熄灭，试样上火焰熄灭或辉光消失，且绢纸不起火，松木板不应烧焦。

(4) 注意事项

试验前，应去除小零件、陶瓷材料等，且尽量试验完整试样。

思 考 题

1. 为什么电气强度试验必须在防潮试验后立即进行？

2. 耐燃试验前为什么必须去除小零件？会有什么影响？

3. 电气强度需注意哪些事项？

4. 简述分断容量试验过程。

5. 拔出插头所需的力需注意哪些事项？

6. 正常操作需注意哪些事项？

7. 机械强度试验需注意哪些事项？

第三章　建筑智能检测

第一节　通信网络系统检测和信息网络系统检测

一、概述

1. 通信网络系统（CNS：Communication Network System）

通信网络系统：是在建筑或建筑群内传输语音、数据、图像且与外部网络（如公用电话网、综合业务数字网、因特网、数据通信网络和卫星通信网等）相连接的系统，主要包括通信系统、卫星数字电视及有线电视系统、公共广播及紧急广播系统等各子系统及相关设施。其中通信系统包括电话交换系统、会议电视系统及接入网设备。

通信（Communication）就是信息的传递，指人与人之间通过某种媒体进行的信息交流与传递，从广义上说，无论采用何种方法，使用何种媒质，只要将信息从一地传送到另一地，均可称为通信。近代随着计算机技术和光电通信技术的飞速发展，通信技术已被广泛运用。

传统的通信网络是由传输、交换和终端三大部分组成。传输是传送信息的媒体；交换（主要是指交换机）是各种终端交换信息的中介体；终端是指用户使用的话机、手机、传真机和计算机等。

通信网络里的程控交换机，全称为存储程序控制交换机，它以计算机程序控制电话的接续。数字程控交换机分为长途交换机，本地交换机等。数字程控交换机的基本功能为：用户线接入、中继接续、计费、设备管理等。本地交换机自动检测用户的摘机动作，给用户的电话机回送拨号音，接收话机产生的脉冲信号或双音多频（DTMF）信号，然后完成从主叫到被叫号码的接续（被叫号码可能在同一个交换机也可能在不同的交换机）。在接续完成后，交换机将保持连接，直到检测出通信的一方挂机。因此程控交换机是利用现代计算机技术，完成控制、接续等工作的电话交换机。

程控交换机的基本构成如下：

（1）交换网络

交换网络的基本功能是根据用户的呼叫要求，通过控制部分的接续命令，建立主叫与被叫用户间的连接通路。在纵横制交换机中，它采用各种机电式接线器（如纵横接线器，编码接线器，笛簧接线器等），在程控交换机中目前主要采用由电子开关阵列构成的空分交换网络和由存储器等电路构成的时分接续网络。

（2）用户电路

用户电路的作用是实现各种用户线与交换机之间的连接，通常又称为用户线接口电路（SLIC，Subscriber Line Interface Circuit）。根据交换机制式和应用环境的不同，用户电路也有多种类型，对于程控数字交换机来说，目前主要有与模拟话机连接的模拟用户线电路（ALC）及与数字话机，数据终端（或终端适配器）连接的数字用户线电路（DLC）。

模拟用户线电路是适应模拟用户环境而配置的接口，其基本功能有：

①馈电（Battery feed）：交换机通过用户线向共电式话机直流馈电。

②过压保护（Overvoltage Protection）：防止用户线上的电压冲击或过压而损坏交换机。

③振铃（Ringing）：向被叫用户话机馈送铃流。

④监视（Supervision）：借助扫描点监视用户线通断状态，以检测话机的摘机，挂机，拨号脉冲

等用户线信号,转送给控制设备,以表示用户的忙闲状态和接续要求。

⑤编解码(CODEC):利用编码器和解码器(CODEC),滤波器,完成话音信号的模数与数模交换,以与数字交换机的数字交换网络接口。

⑥混合(Hybrid):进行用户线的2/4线转换,以满足编解码与数字交换对四线传输的要求。

⑦测试(Test):提供测试端口,进行用户电路的测试。

这7种功能常用第一个字母组成的缩写词(BORSCHT)代表。对于模拟程控交换机,不需要编解码功能。而在数字程控交换机中,除某些特定应用的小型交换机利用增量调制方式外,其他大部分均采用PCM编解码方式。

数字用户线电路是为适应数字用户环境而设置的接口,它主要用来通过线路适配器(LAM)或数字话机(SOPHO－SET)与各种数据终端设备(DTE)如计算机、打印机、VDU电传相连。

(3)出入中继器

出入中继器是中继线与交换网络间的接口电路,用于交换机中继线的连接。它的功能和电路与所用的交换系统的制式及局间中继线信号方式有密切的关系。对模拟中继接口单元(ATU),其作用是实现模拟中继线与交换网络的接口,基本功能一般有:

①发送与接收表示中继线状态(如示闲,占用,应答,释放等)的线路信号;

②转发与接收代表被叫号码的记发器信号;

③供给通话电源和信号音;

④向控制设备提供所接收的线路信号。

对于最简单的情况,某一交换机的中继器通过实线中继线与另一交换机连接,并采用用户环路信令,则该模拟中继器的功能与作用等效为一部"话机"。若采用其他更为复杂的信号方式,则中继器应实现相应的话音,信令的传输与控制功能。

数字中继线接口单元(DTU)的作用是实现数字中继线与数字交换网络之间的接口,它通过PCM有关时隙传送中继线信令,完成类似于模拟中继器所应承担的基本功能。但由于数字中继线传送的是PCM群路数字信号,因而它具有数字通信的一些特殊问题,如帧同步,时钟恢复,码型交换,信令插入与提取等,即要解决信号传送,同步与信令配合三方面的连接问题。

数字中继接口单元的基本功能包括帧与复帧同步码产生,帧调整,连零抑制,码型变换,告警处理,时钟恢复,帧同步搜索及局间信令插入与提取等,如同模拟用户电路的BORSCHT,也可将数字中继单元的上述8种功能概括为GAZPACHO。

(4)控制设备

控制部分是程控交换机的核心,其主要任务是根据外部用户与内部维护管理的要求,执行存储程序和各种命令,以控制相应硬件实现交换及管理功能。

程控交换机控制设备的主体是微处理器,通常按其配置与控制工作方式的不同,可分为集中控制和分散控制两类。为了更好的适应软硬件模块化的要求,提高处理能力及增强系统的灵活性与可靠性,目前程控交换系统的分散控制程度日趋提高,已广泛采用部分或完全分布式控制方式。

程控交换机信令系统如下:

在交换机内各部分之间或者交换机与用户、交换机与交换机间,除传送话音、数据等业务信息外,还必须传送各种专用的附加控制信号(信令),以保证交换机协调动作,完成用户呼叫的处理、接续、控制与维护管理功能。

按信令的作用区域划分,可分为用户线信令与局间信令,前者在用户线上传送,后者在局间中继线上传送。如果按信令的功能划分,则可分为监视信令、地址信令与维护管理信令。

随着通信技术和因特网(Internet)技术的发展,会议电视系统纳入通信网络。会议电视是一种集图像、语音为一体的通信业务。利用通信网,通过会议电视终端设备把相隔两地或者若干个地点的会议室连接起来，传送各种图像、语音信号，使出席会议的人可以进行面对面的交谈。

卫星电视是利用地球同步卫星将数字编码压缩的电视信号传输到用户端的一种广播电视形式。主要有两种方式：一种是将数字电视信号传送到有线电视前端，再由有线电视台转换成模拟电视传送到用户家中；另一种方式是将数字电视信号直接传送到用户家中，即：Direct to Home（DTH）方式。世界各国普遍采用的多为第一种方式。

有线电视是用射频电缆、光缆、多路微波或其组合来传输、分配和交换声音、图像及数据信号的电视系统。目前全球两大主要的电视广播制式为 NTSC 和 PAL，PAL 对同时传送的两个色差信号中的一个色差信号采用逐行倒相，另一个色差信号进行正交调制方式。如果在信号传输过程中发生相位失真，则会由于相邻两行信号的相位相反起到互相补尝作用，从而有效地克服了因相位失真而引起的色彩变化。因此，PAL 制对相位失真不敏感，图像色彩误差较小，与黑白电视的兼容也好。我国大陆采用使用的制式是 PAL－D，香港、澳门使用的是 PAL－I。

公共广播又称公共播送服务或公共媒体，这类媒体多半以制作和播放公共政策的讨论、文教艺术或知识性节目为主，目的是提升国民知识水平、促进民众参与政治决策。

2. 信息网络系统（INS ；Information Network System）

信息网络系统：是应用计算机技术、通信技术、多媒体技术、信息安全技术和行为科学等，由相关设备构成，用以实现信息传递、信息处理、信息共享，并在此基础上开展各种业务的系统，主要包括计算机网络、应用软件及网络安全等。

OSI　7 层模型

OSI 是一个开放性的通行系统互连参考模型，它是一个定义良好的协议规范。OSI 模型有 7 层结构，每层都可以有几个子层。如表 3－1 所示。

OSI 7 层模型功能表　　**表 3－1**

7 层	应用层	与其他计算机进行通信的一个应用，它是对应应用程序的通信服务的。例如，一个没有通信功能的字处理程序就不能执行通信的代码，从事字处理工作的程序员也不关心 OSI 的第 7 层。但是，如果添加了一个传输文件的选项，那么字处理器的程序员就需要实现 OSI 的第 7 层。示例：telnet，HTTP，FTP，WWW，NFS，SMTP 等
6 层	表示层	这一层的主要功能是定义数据格式及加密。例如，FTP 允许你选择以二进制或 ASII 格式传输。如果选择二进制，那么发送方和接收方不改变文件的内容。如果选择 ASII 格式，发送方将把文本从发送方的字符集转换成标准的 ASII 后发送数据。在接收方将标准的 ASII 转换成接收方计算机的字符集。示例：加密，ASII 等
5 层	会话层	它定义了如何开始、控制和结束一个会话，包括对多个双向小时的控制和管理，以便在只完成连续消息的一部分时可以通知应用，从而使表示层看到的数据是连续的，在某些情况下，如果表示层收到了所有的数据，则用数据代表表示层。示例：RPC，SQL 等
4 层	传输层	这层的功能包括是否选择差错恢复协议还是无差错恢复协议，及在同一主机上对不同应用的数据流的输入进行复用，还包括对收到的顺序不对的数据包的重新排序功能。示例：TCP，UDP，SPX
3 层	网络层	这层对端到端的包传输进行定义，它定义了能够标识所有结点的逻辑地址，还定义了路由实现和学习的方式。为了适应最大传输单元长度小于包长度的传输介质，网络层还定义了如何将一个包分解成更小的包的分段方法。示例：IP，IPX 等
2 层	数据链路层	它定义了在单个链路上如何传输数据。这些协议与被讨论的各种介质有关。示例：ATM，FDDI 等
1 层	物理层	OSI 的物理层规范是有关传输介质的特性标准，这些规范通常也参考了其他组织制定的标准。连接头、针、针的使用、电流、编码及光调制等都属于各种物理层规范中的内容。物理层常用多个规范完成对所有细节的定义。示例：Rj45，802.3 等

表3-1中,高层即7、6、5、4层定义了应用程序的功能,下面3层,即3、2、1层主要面向通过网络的端到端的数据流。

计算机网络通俗地讲就是由多台计算机(或其他计算机网络设备)通过传输介质和软件物理(或逻辑)连接在一起组成的。其基本组成包括:计算机、网络操作系统、传输介质(可以是有形的,也可以是无形的,如无线网络的传输介质就是空气)以及相应的应用软件四部分。一个网络可以由两台计算机组成,也可以是在同一大楼里面的上千台计算机和使用者。我们通常指这样的网络为局域网(LAN, Local Area Network),由LAN再延伸出去更大的范围,比如整个城市甚至整个国家,这样的网络我们称为广域网(WAN, Wide Area Network)。我们最常接触的Internet则是由这些无数的LAN和WAN共同组成的。

局域网系统一般由网络设备(如交换机、路由器)、传输媒体(如双绞线、光缆)、网络管理系统、提供基本网络服务的设备四部分组成。

网络设备是局域网系统的核心部分,目前主要设备类型有:集线器、交换机、路由器、防火墙等。传输媒体主要有双绞线、光缆等。网络管理系统对整个局域网系统进行管理。提供基本网络服务的设备是保证局域网正常工作和丰富局域网功能的各种服务器,包括网络管理服务器、DHCP服务器、DNS服务器、E-mail服务器、Web服务器等。

局域网通常分为:以太网(Ethernet)、令牌网(Token Ring)、FDDI网、异步传输模式网(ATM)等几类,下面对应用最广泛的以太网和新兴的无线局域网作一些简要介绍:

(1)以太网(EtherNet)

以太网最早是由Xerox(施乐)公司创建的,在1980年由DEC、Intel和Xerox三家公司联合开发为一个标准。以太网是应用最为广泛的局域网,包括标准以太网(10Mbps)、快速以太网(100Mbps)、千兆以太网(1000 Mbps)和10G以太网,它们都符合IEEE 802.3系列标准规范。

①标准以太网

最初的以太网只有10Mbps的吞吐量,它所使用的是CSMA/CD(带有冲突检测的载波侦听多路访问)的访问控制方法,通常把这种最早期的10Mbps以太网称之为标准以太网。以太网主要有两种传输介质,那就是双绞线和同轴电缆。所有的以太网都遵循IEEE 802.3标准,下面列出是IEEE 802.3的一些以太网络标准,在这些标准中前面的数字表示传输速度,单位是"Mbps",最后的一个数字表示单段网线长度(基准单位是100m),Base表示"基带"的意思,Broad代表"宽带"。

· 10Base-5 使用粗同轴电缆,最大网段长度为500m,基带传输方法;

· 10Base-2 使用细同轴电缆,最大网段长度为185m,基带传输方法;

· 10Base-T 使用双绞线电缆,最大网段长度为100m;

· 1Base-5 使用双绞线电缆,最大网段长度为500m,传输速度为1Mbps;

· 10Broad-36 使用同轴电缆(RG-59/U CATV),最大网段长度为3600m,是一种宽带传输方式;

· 10Base-F 使用光纤传输介质,传输速率为10Mbps。

②快速以太网(Fast Ethernet)

随着网络的发展,传统标准的以太网技术已难以满足日益增长的网络数据流量速度需求。在1993年10月以前,对于要求10Mbps以上数据流量的LAN应用,只有光纤分布式数据接口(FDDI)可供选择,但它是一种价格非常昂贵的、基于100Mpbs光缆的LAN。1993年10月,Grand Junction公司推出了世界上第一台快速以太网集线器FastSwitch10/100和网络接口卡FastNIC100,快速以太网技术正式得以应用。随后Intel、Synoptics、3COM、BayNetworks等公司亦相继推出自己的快速以太网装置。与此同时,IEEE802工程组亦对100Mbps以太网的各种标准,如100BASE-TX、100BASE-T4、MII、中继器、全双工等标准进行了研究。1995年3月IEEE宣布了IEEE802.3u

100BASE－T 快速以太网标准(Fast Ethernet),开始了快速以太网的时代。

快速以太网与原来在100Mbps带宽下工作的FDDI相比具有许多优点,最主要体现在快速以太网技术可以有效地保障用户在布线基础实施上的投资,它支持3、4、5类双绞线以及光纤的连接,能有效地利用现有的设施。

快速以太网的不足其实也是以太网技术的不足,那就是快速以太网仍是基于载波侦听多路访问和冲突检测(CSMA/CD)技术,当网络负载较重时,会造成效率的降低,当然这可以使用交换技术来弥补。100Mbps 快速以太网标准又分为:100BASE－TX 、100BASE－FX、100BASE－T4 三个子类。

·100BASE－TX:是一种使用5类数据级无屏蔽双绞线或屏蔽双绞线的快速以太网技术。它使用两对双绞线,一对用于发送,一对用于接收数据。在传输中使用4B/5B 编码方式,信号频率为125MHz。符合EIA586的5类布线标准和IBM的SPT 1类布线标准。使用同10BASE－T相同的RJ－45 连接器。它的最大网段长度为100m。它支持全双工的数据传输。

·100BASE－FX:是一种使用光缆的快速以太网技术,可使用单模和多模光纤(62.5和125um)多模光纤连接的最大距离为550m。单模光纤连接的最大距离为3000m。在传输中使用4B/5B 编码方式,信号频率为125MHz。它使用MIC/FDDI连接器、ST连接器或SC连接器。它的最大网段长度为150m、412m、2000m或更长至10km,这与所使用的光纤类型和工作模式有关,它支持全双工的数据传输。100BASE－FX 特别适合于有电气干扰、较大距离连接、或高保密环境等情况。

·100BASE－T4:是一种可使用3、4、5类无屏蔽双绞线或屏蔽双绞线的快速以太网技术。它使用4对双绞线,3对用于传送数据,1对用于检测冲突信号。在传输中使用8B/6T编码方式,信号频率为25MHz,符合EIA586结构化布线标准。它使用与10BASE－T相同的RJ－45连接器,最大网段长度为100m。

③千兆以太网(GB Ethernet)

随着以太网技术的深入应用和发展,企业用户对网络连接速度的要求越来越高,1995年11月,IEEE802.3工作组委任了一个高速研究组(Higher Speed Study Group),研究将快速以太网速度增至更高。该研究组研究了将快速以太网速度增至1000Mbps的可行性和方法。1996年6月,IEEE标准委员会批准了千兆位以太网方案授权申请(Gigabit Ethernet Project Authorization Request)。随后IEEE802.3工作组成立了802.3z工作委员会。IEEE802.3z委员会的目的是建立千兆位以太网标准:包括在1000Mbps通信速率的情况下的全双工和半双工操作、802.3以太网帧格式、载波侦听多路访问和冲突检测(CSMA/CD)技术、在一个冲突域中支持一个中继器(Repeater)、10BASE－T和100BASE－T向下兼容技术千兆位以太网具有以太网的易移植、易管理特性。千兆以太网在处理新应用和新数据类型方面具有灵活性,它是在赢得了巨大成功的10Mbps和100Mbps IEEE802.3以太网标准的基础上的延伸,提供了1000Mbps的数据带宽。这使得千兆位以太网成为高速、宽带网络应用的战略性选择。

④10G 以太网

现在10Gbps的以太网标准已经由IEEE 802.3工作组于2000年正式制定,10G以太网仍使用与以往10Mbps和100Mbps以太网相同的形式,它允许直接升级到高速网络。同样使用IEEE 802.3标准的帧格式、全双工业务和流量控制方式。在半双工方式下,10G以太网使用基本的CSMA/CD访问方式来解决共享介质的冲突问题。此外,10G以太网使用由IEEE 802.3小组定义了和以太网相同的管理对象。总之,10G以太网仍然是以太网,只不过更快。但由于10G以太网技术的复杂性及原来传输介质的兼容性问题(目前只能在光纤上传输,与原来企业常用的双绞线不兼容),还有这类设备造价太高(一般为2～9万美元),所以这类以太网技术目前还处于研发的初级阶段，还没有得到实质应用。

（2）无线局域网（Wireless Local Area Network；WLAN）

无线局域网是目前最新，也是最为热门的一种局域网，特别是自 Intel 推出首款自带无线网络模块的迅驰笔记本处理器以来。无线局域网与传统的局域网主要不同之处就是传输介质不同，传统局域网都是通过有形的传输介质进行连接的，如同轴电缆、双绞线和光纤等，而无线局域网则是采用空气作为传输介质的。正因为它摆脱了有形传输介质的束缚，所以这种局域网的最大特点就是自由，只要在网络的覆盖范围内，可以在任何一个地方与服务器及其他工作站连接，而不需要重新铺设电缆。这一特点非常适合那些移动办公一簇，有时在机场、宾馆、酒店等（通常把这些地方称为“热点”），只要无线网络能够覆盖到，它都可以随时随地连接上无线网络，甚至 Internet。

无线局域网所采用的是 802.11 系列标准，它也是由 IEEE 802 标准委员会制定的。目前这一系列主要有 4 个标准，分别为：802.11b（ISM 2.4GHz）、802.11a（5GHz）、802.11g（ISM 2.4GHz）和 802.11z，前三个标准都是针对传输速度进行的改进，最开始推出的是 802.11b，它的传输速度为 11MB/s，因为它的连接速度比较低，随后推出了 802.11a 标准，它的连接速度可达 54MB/s。但由于两者不互相兼容，致使一些早已购买 802.11b 标准的无线网络设备在新的 802.11a 网络中不能用，所以在 2004 年的时候批准了兼容 802.11b 与 802.11a 两种标准的 802.11g，这样原有的 802.11b和 802.11a 两种标准的设备都可以在同一网络中使用。802.11z 是一种专门为了加强无线局域网安全的标准。因为无线局域网的“无线”特点，致使任何进入此网络覆盖区的用户都可以轻松以临时用户身份进入网络，给网络带来了极大的不安全因素（常见的安全漏洞有：SSID 广播、数据以明文传输及未采取任何认证或加密措施等）。为此 802.11z 标准专门就无线网络的安全性方面作了明确规定，加强了用户身份认证制度，并对传输的数据进行加密。所使用的方法/算法有：WEP（RC4 - 128 预共享密钥），WPA/WPA2（802.11 RADIUS 集中式身份认证，使用 TKIP 与/或 AES 加密算法）与 WPA（预共享密钥）。

信息网络安全是指防止信息网络本身及其采集、加工、存储、传输的信息数据被故意或偶然的非授权泄漏、更改、破坏或使信息被非法辨认、控制，即保障信息的可用性、机密性、完整性、可控性、不可抵赖性。

信息网络面临的威胁主要来自：电磁泄漏、雷击等环境安全构成的威胁，软硬件故障和工作人员误操作等人为或偶然事故构成的威胁，利用计算机实施盗窃、诈骗等违法犯罪活动的威胁，网络攻击和计算机病毒构成的威胁，以及信息战的威胁等。

信息网络自身的脆弱性主要包括：在信息输入、处理、传输、存储、输出过程中存在的信息容易被篡改、伪造、破坏、窃取、泄漏等不安全因素；在信息网络自身在操作系统、数据库以及通信协议等存在安全漏洞和隐蔽信道等不安全因素；在其他方面如磁盘高密度存储受到损坏造成大量信息的丢失，存储介质中的残留信息泄密，计算机设备工作时产生的辐射电磁波造成的信息泄密。

二、检测依据

《智能建筑工程质量验收规范》（GB 50339—2003）；

《智能建筑工程检测规程》（CECS182：2005）；

《建筑智能化系统工程检测规程》（DB 32/365—1999）；

《建筑电气工程施工质量验收规范》（GB 50303—2002）；

《智能建筑设计标准》（GB 50314—2006）；

《固定电话交换设备安装工程验收规范》（YD/T 5077—2005）；

《电话机附加功能的基本技术要求及检验方法》（YD/T 992—2006）；

《卫星数字电视接收站测量方法——系统测量》（GY/T 149—2000）；

《国内卫星通信地球站设备安装工程验收规范》(YD/T 5017—2005)；
《有线电视系统工程技术规范》(GB 50200—1994)；
《有线电视广播系统技术规范》(GY/T 106—1999)；
《彩色电视图像质量主观评价方法》(GB/T7401—1987)；
《会议电视系统工程设计规范》(YD/T 5032—2005)；
《会议电视系统工程验收规范》(YD/T 5033—2005)；
《基于以太网技术的局域网系统验收测评规范》(GB/T 21671—2008)；
《信息安全技术 网关安全技术要求》(GA/T681—2007)；
《信息安全技术 路由器安全技术要求》(GA/T682—2007)；
《信息安全技术 交换机安全评估准则》(GA/T685—2007)；
《信息安全技术 虚拟专用网安全技术要求》(GA/T686—2007)；
《信息安全技术 信息系统通用安全技术要求》(GB/T20271—2006)；
《互联网信息服务系统 安全保护技术措施 技术要求》(GA611—2006)。

三、检测方法

1. 通信网络系统检测

电话交换系统检测

(1)主要仪器设备

模拟呼叫器；多功能误码测试仪；电源质量分析仪；接地电阻测试仪。

(2)检测数量及合格判定

电话交换系统应按系统全数检测。检测结果符合设计要求为合格，被检设备的合格率应为100%。

(3)检测项目及操作

1)安装验收检查

参照环境系统和电源与接地系统检测方法检测。

2)通电测试前检查

① 用电源质量分析仪检测主电源输入端子供电电压及其范围，标称工作电压为 -48V，允许变化范围 -40 ~ -57V，结果不应超出允许范围；

② 设备的接地完好，并用接地电阻测量仪检测接地电阻值，或复核接地电阻检测记录。

3)硬件检查测试

① 现场检测可见可闻报警信号，应能正常工作；

② 现场装入测试程序，应通过自检，确认硬件系统无故障。

4)系统检查测试

现场检查系统各类呼叫、维护管理、信号方式及网络支持功能，应无异常。

5)初验基本功能测试

基本功能测试应符合以下要求：

① 本局呼叫：正常呼叫和非正常呼叫情况每项抽测 3 ~5 次；

② 出、入局呼叫：直达中继 100% 测试；

③ 汇接中继测试：各种汇接方式各抽测 5 次；

④ 检查计费差错率：采用模拟呼叫器测试，不得超过 1×10^{-4}；

⑤ 110、119、120 等特服中继：100% 测试；

⑥ 用户线接入调制解调器的误码率：当传输速率为 2400bps 时，比特差错率不大于 1×10^{-5}；

⑦ 2B“ + ”D 用户测试(接入话音和数据各个终端)。

6)初验接通率测试

①采用模拟呼叫器测试,局内接通率应达99.9%以上(至少60个主、被叫用户,10万次);

②采用人工呼叫或模拟中继呼叫器测试,局间接通率应达98%以上(呼叫200次)。

7)初验测试系统可靠性

通过运行记录检查系统可靠性,应符合如下要求:

①不得导致50%以上的用户线、中继线不能进行呼叫处理;

②每一用户群通话中断或停止接续,每群每月不大于0.1次;

③中继群通话中断或停止接续:0.15次/月(≤64话路);0.1次/月(64~480话路);

④个别用户不正常呼入、呼出接续:每千门用户,≤0.5户次/月;每百条中继,≤0.5线次/月;

⑤一个月内,处理机再启动指标为1~5次(包括3类再启动);

⑥软件测试故障不大于8个/月,硬件更换印刷电路板次数每月不大于0.05次/100户及0.005次/30路PCM系统;

⑦长时间通话,12对话机保持48h,通话路由正常,计费正确;

⑧10万次局内障碍率不大于3.4×10^{-4}。

会议电视系统检测

(1)主要仪器设备

多功能误码测试仪

(2)检测数量及合格判定

按系统全数检测。检测结果符合设计要求为合格,被检设备的合格率应为100%。

(3)检测项目及操作

1)安装环境检查

参照环境系统和电源与接地系统检测方法检测。

2)单机测试

① 批量购置的设备宜按30%抽测,如发生问题,应进行全面检测。

② 单机测试的性能和指标应按设计规范或设计文件的要求进行检测。必要时,也可按生产厂家的说明书要求进行检测。

3)信道测试

① 会议电视的传输信道应采用 G.703 E1 接口,传输速率2048kbit/s,接口指标应符合(GB7611-87)《脉冲编码调制通信系统网路数字接口参数》国家标准中的相关规定。

② 会议电视的传输信道应以用户方式接入CHINADDN,接口速率为2048kbit/s(p×64kbit/s,p=1~31),接口指标应符合ITU-T G.703,X.21,V.25专线式接口建议的各项特性。长途主备用信道或路由和传输速率的变换,均应由DDN负责提供。

③ 会议电视的传输信道必须采用双向信道,信道的误码、抖动等各项指标应符合维护标准规定的要求。

④ 使用多功能误码测试仪现场检测传输性能,结果应符合表3-2限值。

多功能误码测试仪传输性能限值 表3-2

项目名称	传输信道速率(kbit/s)	误比特率(BER)	1小时内最大误码数	1小时内严重误码事件	无误码秒(EFS%)
国内段会议电视链路	2048	1×10^{-6}	7142	0	92

续表

项目名称	传输信道速率(kbit/s)	误比特率(BER)	1小时内最大误码数	1小时内严重误码事件	无误码秒(EFS%)
国际段会议电视链路	2048	1×10^{-6}	7142	2	92
国内、国际全程链路	2048	1×10^{-6}	21427	2	92
国内段会议电视链路	64	1×10^{-6}	/	/	/

4)系统效果质量检测

现场采用"5级损伤"评判标准对画面质量和声音清晰度作主观评价,结果应符合规范或设计要求。

5)监测管理系统检测

现场检测其本地、远端监测、诊断和实时显示功能,结果应符合规范或设计要求。

卫星数字电视及有线电视系统检测

(1)主要仪器设备

电视场强仪;卷尺。

(2)检测数量及合格判定

卫星数字电视接收部分应全数检测;有线电视频道输出电平应全数检测,其余指标按10%抽检,但不得少于5个频道,并应分布于整个工作频段的高、中、低段;末端设备按10%抽检,抽检数量不得少于5个。检测结果符合设计要求为合格,被检项目的合格率应为100%。

(3) 检测项目及操作

1)安装质量检查

现场检查卫星天线的安装质量、高频头至室内单元的线距、功放器接收站位置、缆线连接的可靠性,方法如下:

① 对照施工图、设计文件,检查天线和接收站位置的选址是否合理;

② 采用卷尺、目测和手感检查接收天线、高频头和缆线的安装质量和连接是否牢固;

③ 采用卷尺检测高频头至室内单元的线距是否符合规定;

④ 采用目测检查接收站内设备和机柜等的安装质量是否符合要求。

2)卫星数字电视系统检测

卫星数字电视系统应检测所有频道的输出电平,应满足 $-30\sim-60\mathrm{dB\mu V}$,用电视场强仪测试,结果应符合要求。

3)有线电视系统检测

① 检测所有频道的输出电平,应达到 $60\sim80\mathrm{dB\mu V}$;

② 用主观评价法检查图像中有无噪波,当无"雪花干扰"时,系统的载噪比为合格;

③ 用主观评价法检查图像中有无垂直、倾斜或水平条纹,当无垂直、倾斜或水平条纹时,系统的载波互调比为合格;

④ 用主观评价法检查图像中有无移动、垂直或倾斜图案,即有无"窜台"现象,当无"窜台"时,系统的交扰调制比为合格;

⑤ 用主观评价法检查图像中有无沿水平方向分布在右边的一条或多条轮廓线,即有无"重影"现象,当无"重影"时,系统的回波值为合格;

⑥ 用主观评价法检查图像中色、亮信息对齐，即有无“彩色鬼影”，当无“彩色鬼影”现象时，系统的色/亮度时延差为合格；

⑦ 用主观评价法检查图像中有无上下移动的水平条纹，即有无“滚道”，当无“滚道”现象时，系统的载波交流声为合格；

⑧ 用主观评价法检查系统伴音和调频广播的声音，当无背景噪声（如丝丝声、哼声、蜂鸣声和串音等）时，系统的伴音和调频广播声音为合格；

⑨ 采用按“1～5分的主观评价标准”打分，检查电视图像的质量，主观评价不应低于4分；

图像量损伤程度评分标准　　表3－3

等级	图像质量损伤程度
5分	图像上不察觉有损伤或干扰存在
4分	图像上有稍可察觉的损伤或干扰存在，但不令人讨厌
3分	图像上有稍可察觉的损伤或干扰明显存在，令人讨厌
2分	图像上损伤或干扰较严重，令人相当讨厌
1分	图像上损伤或干扰极严重，不能观看

⑩ 检测用户端输出电平，应达到62～68dBμV。

4）HFC网络检测

① HFC用户分配网的分配结构是否具有可寻址路权控制和上行信号汇集均衡等功能应满足设计要求；

② 系统的频率配置、抗干扰性能应满足设计要求；

③ 正向测试的调制误差率和相位抖动应满足设计要求；

④ 反向测试的侵入噪声、脉冲噪声和反向隔离度应满足设计要求；

⑤ 用户端输出电平应满足设计要求。

公共广播及紧急广播系统检测

（1）主要仪器设备

信号发生器；示波器；音频分析仪；音频信号发生器；声级计。

（2）检测数量及合格判定

主机设备应全数检测，末端设备应按10%抽检。系统功能符合设计要求为合格，被检项目的合格率应为100%。

（3）检测项目及操作

1）安装质量检查

①查验测试记录，或用接地电阻测量仪检测系统的接地电阻，结果应符合设计要求；

②查验现场或施工图，检查系统分区划分应合理，公共广播的分区应与消防分区的划分一致。

2）系统功能检查

①现场检查，包括业务广播、背景音乐广播、紧急广播等功能，应符合设计要求；

②当紧急广播与公共广播系统共用设备时，用人工模拟发生火灾和突发事故，紧急广播应由消防联动系统控制，且具有最高优先级；不论系统处于何种状态，均应强切为紧急广播，并以全音量播出。

3）系统性能检测

①检测系统的输出电平、输出信噪比、声压级和频响等指标，应符合设计要求；

②通过响度、音色和音质的主观评价，评定的音响效果应符合设计要求；

③检查功放冗余配置，在主机故障时备用机应自动投入运行为合格。

2. 信息网络系统检测

计算机网络系统检测

(1)主要仪器设备

智能网络分析仪。

(2)检测数量及合格判定

网络设备应全数检测。检测结果符合设计要求为合格，被检项目的合格率应为100%。

(3) 检测项目及操作

1)计算机网络设备的质量

① 根据合同要求，对设备和材料进场验收记录、工程过程实施和质量控制记录进行复核，符合要求为合格；

② 按产品技术资料，对计算机网络设备的质量进行复查，符合要求为合格。

2)网络布线质量

按综合布线系统检测方法检测。

3)网络设备连通性

① 采用测试命令进行检测：在DDS命令窗口中输入ping命令"ping x. x. x. x"，其中"x, x, x. x"为网络中设备的网络地址。如返回信息为"Reply from x. x. x. x: bytes = m timeCn TTL = y"，则表明网络设备间可以连通，应进一步检查返回信息中的响应时间和丢包率等信息；若返回信息为"Request time out"或其他信息，则表明无法连通；条件许可时，可采用专用的网络协议分析仪和网络流量分析仪进行检测；

② 检测局域网连通中的响应时间和丢包率，符合设计要求为合格；

③ 检测与公网连通的响应时间和丢包率，其值不高于设计规定值为合格。

4)子网间通信功能

① 根据网络配置方案要求，允许通信的计算机之间可以进行资源共享和信息交换，采用PING测试命令或者用网络测试分析仪检测，以符合设计要求为合格；

② 根据网络配置方案要求，不允许通信的计算机之间无法通信，采用PING测试命令或者用网络测试分析仪检测，以符合设计要求为合格。

5)局域网与公用网连通性

根据配置方案的要求，检测局域网内的用户与公用网之间的通信能力，采用PING测试命令或者用网络测试分析仪检测，以符合设计要求为合格。

6)路由检测

采用测试命令测试TCP/IP协议网络路由时，采用tracer - cute命令进行测试，在DOS命令窗口中输人"tracer x. x. x. x"，输出为到达x. x. x. x节点所经过的路由。如返回信息与定义的路由相符，则路由设置正确。条件许可时可采用网络测试仪测试网络路由设置的正确性。

7)容错功能

① 对具备容错能力的网络系统，直观检查主要部件的冗余设置、链路冗余配置的网络系统的链路的冗余设置；

② 采用人为设置网络故障，检查网络系统的判断故障和报警功能、自动切换时间，故障排除后系统自动恢复的功能。用秒表记录切换时间，切换时间符合设计要求；

③ 采用人为设置某条链路断开或有故障发生，检查整个系统的正常工作，并在故障排除后能自动切换回主系统运行的功能。

8)网络管理功能

① 在网管工作站上搜索整个网络系统的拓扑结构图和网络设备连接图；

② 在网络系统中某台网络设备或线路采用模拟故障方法，在网管工作站上检查自诊断功能；

③ 对网络设备进行远程配置和网络性能的检测，提供网络节点的流量、广播率和错误率等参数。

网络安全系统检测

(1)检测数量及合格判定

网络安全系统应全数检测，符合设计要求为合格。

(2)检测项目及操作

1)安全产品设备检查

① 计算机信息系统安全专用产品必须具有公安部计算机管理监察部门审批颁发的"计算机信息系统安全专用产品销售许可证"；特殊行业有其他规定时，还应遵守行业的相关规定。符合此要求者为合格；

② 如果与因特网连接，智能建筑网络安全系统必须安装防火墙和防病毒系统，符合此要求者为合格。

2)网络层安全检测

① 检查网络拓扑图，确保所有服务器和用户终端都在相应的防火墙保护之下；

② 扫描防火墙，保证防火墙本身没有任何对外服务的端口(代理内网或 DMZ 网的服务除外)；

③ 扫描 DMZ 网的服务器，只能扫描到应该提供服务的端口；

④ 使用流行的攻击手段进行模拟攻击，检测信息网络防攻击能力，应能抵御来自防火墙以外的网络攻击，不能攻破为合格；

⑤ 使用终端机以不同身份访问因特网的不同资源，进行因特网访问控制检测，网络应根据规定控制内部终端机的因特网连接请求和内容。符合设计要求为合格；

⑥ 用实际操作进行信息网络与控制网络的安全隔离检测，确保做到未经授权，从信息网络不能进人控制网络。符合此要求者为合格；

⑦ 将含有当前已知流行病毒的文件(病毒样本)通过文件传输、邮件附件、网上邻居等方式向各点传播，进行系统防病毒的有效性检测，各点的防病毒软件应能正确地检测到该含病毒文件，并执行杀毒操作。符合此要求者为合格；

⑧ 使用流行的攻击手段进行模拟攻击(如 DOS 拒绝服务攻击)，检查入侵检测系统的有效性，这些攻击应被入侵系统发现和阻断。符合此要求者为合格；

⑨ 人为访问若干受限网址或者访问受限内容，检查内容过滤系统的有效性，这些访问应被阻断；对未受限的网址或内容，应可正常访问。符合此要求者为合格。

3)系统层安全检测

① 以系统输入为突破口，利用输入的容错性进行正面攻击；

② 申请和占用过多的资源压垮系统，导致破坏安全措施，从而进入系统；

③ 故意使系统出错，利用系统恢复的过程，窃取用户口令及其他有用的信息；

④ 利用计算机各种资源中的垃圾信息(无用信息)，以获取如口令、安全码、解密密钥等重要信息；

⑤ 浏览全局数据，期望从中找到进入系统的关键字；

⑥ 浏览那些逻辑上不存在，但物理上还存在的各种记录和资料，寻找突破口。

4)应用层安全检测

① 检查用户使用的口令，确认用户口令应该加密传输，或不能在网络上传输；确认被认证者是一个合法用户，并且明确该用户所具有的角色的过程；

② 在管理工作站和用户终端机检查对用户的访问控制，根据事先确定的权限设置，用户能正确访问其获得授权对象的资源(包括网络资源和应用资源)，同时不能访问未获得授权的资源。符合此要求者为合格；

③ 检查在使用应用开发平台(如数据库服务器、WEB 服务器、操作系统等)时，是否使用了所提供的各种安全服务；

④ 检查开发商在开发应用系统时，是否提供并使用了各种安全服务。

思　考　题

1. 什么叫计算机对等网络？
2. OSI 参考模型层次结构(从上到下)的七层名称是什么？
3. 什么是网络协议(Protocol)？

第二节　综合布线系统检测

一、概述

综合布线系统(Premises Distributed System，简称 PDS)是建筑或建筑群内部及其与外部的传输网络。它使建筑或建筑群内部的语音、数据和图像通信网络设备、信息网络交换设备和建筑设备自动化系统等相联，也使建筑或建筑群内通信网络与外部通信网络相联。

综合布线系统使用标准的双绞线和光纤，支持高速率的数据传输。这种系统使用物理分层星型拓扑结构，积木式、模块化设计，遵循统一标准，使系统的集中管理成为可能，也使每个信息点的故障、改动或增删不影响其他的信息点，使安装、维护、升级和扩展都非常方便，并节省了费用。

综合布线系统一般由六个独立的子系统组成，采用星型结构的物理布线方式可实现各种形式的网络逻辑拓扑结构，可使任何一个子系统独立的进入综合布线系统中，其六个子系统分别为：工作区子系统(Work Location)、水平区子系统(Horizontal)、管理区子系统(Administration)、干线子系统(Backbone)、设备间子系统(Equipment)、建筑群子系统(Campus)。

1. 工作区子系统

工作区子系统由终端设备连接到信息插座之间的设备组成。包括：信息插座、插座盒、连接跳线和适配器组成。

2. 水平区子系统

水平区子系统应由工作区用的信息插座，楼层分配线设备至信息插座的水平电缆、楼层配线设备和跳线等组成。一般情况，水平电缆应采用 4 对双绞线电缆。在水平子系统有高速率应用的场合，应采用光缆，即光纤到桌面。

水平子系统根据整个综合布线系统的要求，应在二级交接间、交接间或设备间的配线设备上进行连接，以构成电话、数据、电视系统和监视系统，并方便地进行管理。

3. 管理区子系统

管理区子系统设置在楼层分配线设备的房间内。管理间子系统应由交接间的配线设备，输入/输出设备等组成，也可应用于设备间子系统中。管理子系统应采用单点管理双交接。交接场的结构取决于工作区、综合布线系统规模和选用的硬件。在管理规模大、复杂、有二级交接间时，才设置双点管理双交接。在管理点，应根据应用环境用标记插入条来标出各个端接场。

4. 干线子系统

通常是由主设备间(如计算机房、程控交换机房)提供建筑中最重要的铜线或光纤线主干线路，是整个大楼的信息交通枢纽。一般它提供位于不同楼层的设备间和布线框间的多条联接路径，也可连接单层楼的大片地区。

5. 设备间子系统

设备间是在每一幢大楼的适当地点设置进线设备，进行网络管理以及管理人员值班的场所。设备间子系统应由综合布线系统的建筑物进线设备、电话、数据、计算机等各种主机设备及其保安配线设备等组成。

6. 建筑群子系统

建筑群子系统将一栋建筑的线缆延伸到建筑群内的其他建筑的通信设备和设施。它包括铜线、光纤、以及防止其他建筑的电缆的浪涌电压进入本建筑的保护设备。

二、检测依据

《智能建筑工程质量验收规范》(GB 50339—2003)；
《智能建筑工程检测规程》(CECS182:2005)；
《建筑智能化系统工程检测规程》(DB 32/365—1999)；
《建筑电气工程施工质量验收规范》(GB 50303—2002)；
《智能建筑设计标准》(GB 50314—2006)；
《商用建筑物电信布线标准》(ANSI/TIA/EIA 568B:2002)；
《信息技术用户建筑群的通用布缆》(ISO/IEC11801:2002)；
《综合布线系统工程验收规范》(GB 50312—2007)；
《综合布线系统工程设计规范》(GB 50311—2007)；
《光纤试验方法规范》(GB/T 15972—2008)；
《通信用单模光纤系列》(GB/T 9771—2000)；
《通信用多模光纤系列》(GB/T 12357—2004)。

三、检测方法

1. 检测设备要求

用于双绞线检测工具必须符合 TLA/EIA568 或 ISO11801 标准的Ⅱ或Ⅲ级精度的要求，并应具备线缆 NEXT 故障定位、结果分析、自动存储及打印功能。

用于多模、单模光缆的测试工具，必须符合标准 IEC 61280－4－1 和 IEC 61280－4－2 的要求。

表 3－4 中列出的是Ⅱ级精度和Ⅲ级精度的现成测试仪对残余 NEXT 特性的允许值。残余 NEXT 是指在测试仪输入端没有连接任何电缆时测量到的测试仪自身的串扰值，它是测量近端串扰中底标，Ⅲ级精度的测试仪在 100MHz 时残余 NEXT 的最差值比Ⅱ级精度所允许的要小 18 倍。Ⅲ级精度的测试带宽要求为 250MHz。

检测设备精度最低性能要求　　**表 3－4**

序号	1	2	3	4	5	6	7
性能参数	随机噪声最低值	剩余近端串音(NEXT)	平衡输出信号	共模抑制	动态精确度	长度精确度	回损
1～100兆赫(MHz)	65～15log(f100)dB	55～15log(f100)dB	37～15log(f100)dB	37～15log(f100)dB	±0.75dB	±1m±4%	15dB

注：动态精确度适用于从 0dB 基准值至优于 NEXT 极限值 10dB 的一个带宽，按 60dB 限制。

标准既定义了基本仪器（也称为基线精度）的精度，也定义了仪器带有为测试永久链路和通道的适配器后的精度。一些厂家仅仅会提及基线精度。在实际应用中这是一个误导性的概念，因为无论是测试永久链路还是通道，测试仪总是要与测试适配器一起工作的。标准确实计划在定义基线精度的同时为这些在测试实际链路时所必须的适配器制定严格的性能要求。

2. 检查及测试技术要求

（1）光纤连接损耗

熔接光纤的连接损耗（dB）　表3－5

连接类别	多模		单模	
	平均值	最大值	平均值	最大值
熔接	0.15	0.3	0.15	0.3

（2）光缆布线链路的衰减

光缆布线链路的衰减　表3－6

布线	链路长度（m）	衰减			
		单模光缆		多模光缆	
		1310nm	1550nm	850nm	1300nm
水平	100	2.2	2.2	2.5	2.2
建筑物主干	500	2.7	2.7	3.9	2.6
	1500	3.6	3.6	7.4	3.6

（3）最小光回波损耗

光缆布线链路的任一接口测出的光回波损耗大于下表给出的值。

最小光回波损耗　表3－7

类别	单模光缆		多模光缆	
波长	1310nm	1550nm	850nm	1300nm
光回波损耗	26dB	26dB	20dB	20dB

（4）对绞电缆与电力线最小净距

对绞电缆与电力线最小净距　表3－8

单　　位	最小净距（mm）		
范围条件	380V，<2kV·A	380V，2.5～5kV·A	380V，>5kV·A
对绞电缆与电力电缆平行敷设	130	300	600
有一方在接地的金属槽道或钢管	70	150	300
双方均在接地的金属槽道或钢管	注	80	150

注：双方都在接地的金属槽道或钢管中，且平行长度小于10m时，最小间距可为10mm。表中对绞电缆如采用屏蔽电缆时，最小净距可适当减小，并符合设计要求。

(5) 电光缆暗管敷设与其他管线最小净距

电光缆暗管敷设与其他管线最小净距　表 3－9

管线种类	平行净距（mm）	垂直交叉净距（mm）	管线种类	平行净距（mm）	垂直交叉净距（mm）
避雷引下线	1000	300	给水管	150	20
保护地线	50	20	煤气管	300	20
热力管(不包封)	500	500	压缩空气管	150	20
热力管(包封)	300	300	/	/	/

(6) 管径和截面利用率的要求

在暗管中布放的电缆为屏蔽电缆(具有总屏蔽和线对屏蔽层)或扁平型缆线(可为两根非屏蔽4对对绞电缆或两根屏蔽4对对绞电缆组合,一根4对对绞电缆和一根多芯光缆组合及其他类型的组合);主干电缆为25对以上,主干光缆为12芯以上时。且采用管径利用率进行计算,选用合适规格的暗管。

在暗管中布放的对绞电缆采用非屏蔽或总屏蔽4对对绞电缆及4芯以下光缆时,为了保证线对扭绞状态,避免缆线受到挤压,宜采用管截面利用率公式进行计算,选用合适规格的暗管。

有关暗管布放缆线的根数以及截面利用率可参照表3－10、表3－11中所列数据。

暗管允许布线缆线数量　表 3－10

暗管规格	缆线数量(根)									
内径(mm)	每根缆线外径(mm)									
	3.3	4.6	5.6	6.1	7.4	7.9	9.4	13.5	15.8	17.8
15.8	1	1	—	—	—	—	—	—	—	—
20.9	6	5	4	3	2	2	1	—	—	—
26.6	8	8	7	6	3	3	2	1	—	—
35.1	16	14	12	10	6	4	3	1	1	1
40.9	20	18	16	15	7	6	4	2	1	1
52.5	30	26	22	20	14	12	7	4	3	2
62.7	45	40	36	30	17	14	12	6	3	3
77.9	70	60	50	40	20	20	17	7	6	6
90.1	—	—	—	—	—	—	22	12	7	6
102.3	—	—	—	—	—	—	30	14	12	7

(7) 管道截面利用率及布放电缆根数

管道截面利用率及布放电缆根数　表 3－11

管道	内　径 D(mm)		20.9	26.6	35.1	40.9	52.5	62.7	77.9	90.1	102.3	128.2	154.1
	内径截面积 A(mm)		345	559	973	1322	2177	3106	4794	6413	8268	12984	18760
管道面积	推荐的最大占用面积	布放1根电缆截面利用率为53%	183	296	516	701	1154	1646	2541	3399	4382	6882	9943

续表

管道	内　径 D(mm)		20.9	26.6	35.1	40.9	52.5	62.7	77.9	90.1	102.3	128.2	154.1
	内径截面积 A(mm)		345	559	973	1322	2177	3106	4794	6413	8268	12984	18760
管道面积	推荐的最大占用面积	布放2根电缆截面利用率为31%	107	173	302	410	675	963	1486	1988	2563	4025	5816
		布放3根(或3根以上)电缆截面利用率为40%	138	224	389	529	871	1242	1918	2565	3307	5194	7504

(8) 电缆电气性能指标

① 测试参数及其物理意义

用于布线系统验收的测试标准要求测量几个重要的电气参数以便于认证布线系统满足一定的传输性能要求。每个标准都有其特定的通过/失败极限值,这些极限值取决于链路的类别和链路模型的定义。

接线图测试。接线图测试用于验证线缆链路中每一根针脚端至端的连通性,同时检查串绕问题。任何错误的接线形式,例如断路、短路、跨接、反接、串绕等都能够检测出来。

衰减。任何电子信号从信号源发出后在传输过程中都会有能量的损失,局域网信号也不例外。衰减随着温度和频率的增加而增加。高频信号比低频信号衰减得更严重。这也是为什么有正确接线图的链路,在 10Base－T 网络中运行得非常好,而不能在 100Base－T 网络中正常工作的原因。对于 5 类线布线系统,各个厂商的产品在衰减方面的性能非常接近。

串扰是由于一对线的信号产生了辐射并感应到其他临近的一对线而造成的。串扰也是随频率变化的,3 类线可以很好地支持 10Base－T 的应用,但却不能用于 100Base－T 网络。

保持线对紧密地绞结和线对间的平衡可以有效地降低串扰。较小的绞距可以形成电磁场的方向相反以有效地抵消彼此间的影响,从而降低线对向外的辐射。超 5 类线的绞距比 3 类线的要小,而且绞线距的一致性比 3 类线也好,还使用了性能更好的绝缘材料,这些都进一步抑制了串扰并降低了衰减。TIA/EIA－568－B 标准要求所有 UTP 连接在端接处未绞结的部分不能超过 1.3cm (0.5 英寸)。

长度。在标准规定中永久链路的长度不能超过 90m,通道的长度不能超过 100m。精确测量长度受几个方面的影响,包括线缆的额定传输速度(NVP),绞线长度与外皮护套的长度,以及沿长度方向的脉冲散射。当使用现场测试仪器测量长度时,通常测量的是时间延时,再根据设定的信号速度计算出长度值。

额定传输速度(NVP)表述的是信号在线缆中传输的速度,用光速的百分比形式表示。NVP 设置不正确是常见的错误。如果 NVP 设定为 75% 而线缆实际的 NVP 值是 65%,那么测量还没有开始就有了 10% 以上的误差。此外,每对线之间的 NVP 都可能有差别,还会随频率的变化而变化。对于 3 类线和混用的 5 类线来说,线对间 NVP 值最大可能有 12% 的差别。

传输延迟和延迟偏差(Propagation delay & delay skew)。传输延迟指的是当电信号沿电缆传输时的时间延迟。一个电缆绕对的延迟决定于绕对的长度、缠绕率和电特性。同一 UTP 电缆中的各绕对由于缠绕数和每一个绕对的电特性的不同而导致各绕对的传输延迟稍有差异,各绕对之间的延迟差异就是延迟偏差。延迟偏差对于以多线对电缆同时传输数据的高速并行数据传输网络是一个非常重要的参数,如果绕对之间的延迟偏差过大,就会失去比特传输的同步性,接收到的数据就不能被正确地重组。

特性阻抗(Characteristic Impedance)。是指电缆无限长时该电缆所具有的阻抗。阻抗是阻止交流电流通过一种电阻。一条电缆的特性阻抗是由电缆的电导率、电容以及阻止组合后的综合特性。这些参数是由诸如导体尺寸、导体间的距离以及电缆绝缘材料特性等物理参数决定的。正常的物理运行依靠整个系统电缆与连接器件具有的恒定的特性阻抗。特性阻抗的突变或特性阻抗异常,会造成信号反射,从而会引起网络电缆中的传输信号畸变并导致网络出错。常用 UTP 的特性阻抗为 100Ω。

近端串扰损耗(NEXT)。近端串扰是指处于某侧的发送线对对同侧相邻的另一对线通过电磁感应所产生的偶合信号。近端串绕损耗 NEXT 就是近端串扰值和导致该串扰值的另一对线上的发送信号之差值。近端串绕与线缆的类别、连接方式、频率值有关。在所有的网络运行特性中串扰值对网络的性能影响最大。

近端串扰与衰减差(ACR)。是指近端串扰损耗与衰减的差值。ACR(dB) = NEXT(dB) - A(dB) ACR 是一个十分重要的物理量,是线对上信噪比的一种形式。ACR = 0 表明在该线对上传输的信号将被噪声淹没,因此,对应 ACR = 0 的频率点越高越好。高的 ACR 值意味着接受信号大于串扰。

等电平远端串扰(ELFEXT)。由于五类线采用全双工并行方式传输数据,远端的串扰也会对信号造成影响。因此必须在远端点测量可感应到的串扰信号,这就是 FEXT 值的测量。可是由于线路中信号的衰减,使得远端点发送的信号强度太弱,以至于所测量到的 FEXT 值不是真实的远端串扰值。因此用 FEXT 值减去线路的衰减值,以得到所谓的 E:FEXT 值。ELFEXT = FEXT - A(A 为接受线对的传输衰减)。

综合等电平远端串扰(Power sum ELFEXT)。远端串扰是指能量被耦合到与传输信号的线对相邻的线对的远端(远离信号发送端)的能量耦合。在千兆以太网中,所有的线对都被用来传输信号,每个线对都会受到其他线对的干扰,因此远端串扰必须进行功率加总,从而获得对于能量耦合的真实描述。

② 六类永久链路部分测试参数的参考值

六类永久链路部分测试参数的参考考值 表 3 - 12

参数(dB) 频率(MHz)	NEXT	ATTN	RL	ACR	ELFEXT	PS
100	41.8	18.5	14.0	23.4	24.2	39.3
125	40.3	20.9	13.0	19.4	22.2	37.7
200	36.9	27.1	11.0	9.9	18.23	34.3
250	35.3	30.7	10.0	4.6	16.2	32.7

③ 超五类永久链路部分测试参数在 100MHz 时的参考值

超五类永久链路部分测试参数在 100MHz 时的参考值 表 3 - 13

参数(dB) 频率(MHz)	NEXT	ATTN	RL	ACR	ELFEXT	PS
100	30.1	24.0	10.0	6.1	17.4	27.1

④ 五类在选定的某一频率上信道和基本链路衰减量应符合表 3 - 14 和表 3 - 15 的要求,信道

的衰减包括10m(跳线=设备连接之和)及各电缆段、接插件的衰减量的综合。

信道衰减量　**表3-14**

频率(MHz)	1.00	4.00	8.00	10.00	16.00	20.00	25.00	31.25	62.50	100.00
三类(dB)	4.2	7.3	10.2	11.5	14.9	—	—	—	—	—
五类(dB)	2.5	4.5	6.3	7.0	9.2	10.3	11.4	12.8	18.5	24.0

注:总长度为100m以内。

基本链路衰减量　**表3-15**

频率(MHz)	1.00	4.00	8.00	10.00	16.00	20.00	25.00	31.25	62.50	100.00
三类(dB)	3.2	6.1	8.8	10.0	13.2	—	—	—	—	—
五类(dB)	2.1	4.0	5.7	6.3	8.2	9.2	10.3	11.5	16.7	21.6

注:总长度为94m以内。

以上测试以20℃为准,每增加1℃衰减量增加1.5%。对5类对绞电缆,则每增加1℃会有0.4%的变化。

近端串音是对绞电缆内两条线对间信号的感应。对近端串音的测试,必须对每对线在两端进行测量。见表3-16和表3-17。

信道近端串音(最差线间)　**表3-16**

频率(MHz)	1.00	4.00	8.00	10.00	16.00	20.00	25.00	31.25	62.50	100.00	—
3类(dB)	39.1	29.3	24.3	22.7	19.3	—	—	—	—	—	—
5类(dB)	60.0	50.6	45.6	44.0	40.6	39.0	37.4	37.4	35.7	30.6	27.1

注:最差值限于60 dB。

基本链路近端串音(最差线间)　**表3-17**

频率(MHz)	1.00	4.00	8.00	10.00	16.00	20.00	25.00	31.25	62.50	100.00
三类(dB)	40.1	30.7	25.9	24.3	21.0	—	—	—	—	—
五类(dB)	60.0	51.8	47.1	45.5	42.3	40.7	39.1	37.6	32.7	29.3

注:最差值限于60 dB。

3.具体内容

(1)环境检查

应对交接间、设备间、工作区的建筑和环境进行检查,检查内容如下:

① 交接间、设备间、工作区土建工程已全部竣工。房屋地面平整、光洁,门的高度和宽度应不妨碍设备和器材的搬运,门锁和钥匙齐全;

② 房屋预埋地槽、暗管及孔洞和竖井的位置、数量、尺寸均应符合设计要求;

③ 铺面活动地板的场所,活动地板防静电措施的接地应符合设计要求;

④ 交接间、设备间应提供220V单相带地电源插座;

⑤ 交接间、设备间应提供可靠的接地装置,设置接地体时,检查接地电阻值及接地装置应符合设计要求;

⑥ 交接间、设备间的面积、通风及环境温度、湿度应符合设计要求。

(2)器材检查

① 缆线的检验要求如下:

a. 工程使用的对绞电缆和光缆形式、规格应符合设计的规定和合同的要求;

b. 电缆所附标志、标签内容应齐全、清晰；

c. 电缆外护线套需完整无损，电缆应附有出厂检验合格证。如用户要求，应附本批电缆的技术指标；

d. 光缆开盘后应先检查光缆外表有无损伤，光缆端头封装是否良好。

② 光纤接插软线（光跳线）检验应符合下列规定：

a. 光纤接插软线，两端的活动连接器（活接头）端面应装配有合适的保护盖帽；

b. 每根光纤接插软线中光纤的类型应有明显的标记，选用应符合设计要求。

③ 接插件的检验要求如下：

a. 配线模块和信息插座及其他接插件的部件应完整，检查塑料材质是否满足设计要求；

b. 光纤插座的连接器使用形式和数量、位置应与设计相符。

④ 配线设备的使用应符合下列规定：

a. 光、电缆交接设备的形式、规格应符合设计要求；

b. 光、电缆交接设备的编排及标志名称应与设计相符。各类标志应统一，标志位置正确、清晰；

c. 有关对绞电缆电气性能、机械特性、光缆传输性能及接插件的具体技术指标和要求应符合设计要求。

(3) 设备安装检验

① 机柜、机架安装要求如下：

a. 机柜、机架安装完毕后，垂直偏差度应不大于3mm。机柜、机架安装位置应符合设计要求；

b. 击柜、机架上的各种零件不得脱落和碰坏，漆面如有脱落应予以补漆，各种标志应完整、清晰；

c. 机柜、机架的安装应牢固，如有抗震要求时，应按施工图的抗震设计进行加固。

② 各类配线部件安装要求如下：

a. 各部件应完整，安装就位，标志齐全；

b. 安装螺丝必须拧紧，面板应保持在一个平面上。

③ 8位模块通用插座安装要求如下：

a. 安装在活动地板或地面上，应固定在接线盒内，插座面板采用直立和水平等形式；接线盒盖可开启，并应具有防水、防尘、抗压功能。接线盒盖面应与地面齐平；

b. 8位模块式通用插座、多用户信息插座和集合点配线模块，安装位置应符合设计要求；

c. 8位模块式通用插座底座盒的固定方法按施工现场条件而定，宜采用预置扩张螺丝钉固定等方式；

d. 固定螺丝需拧紧，不应产生松动现象；

e. 各种插座面板应有标识，以颜色、图形、文字表示所接终端设备类型。

④ 电缆桥架及线槽的安装要求如下：

a. 桥架及线槽的安装位置应符合施工图规定，左右偏差不应超过50mm；

b. 桥架及线槽水平度每米偏差不应超过2mm；

c. 垂直桥架及线槽应与地面保持垂直，并无倾斜现象，垂直度偏差不应超过3mm；

d. 线槽截断处及两线槽拼接处应平滑、无毛刺；

e. 吊架和支架安装应保持垂直，整齐牢固，无歪斜现象；

f. 金属桥架及线槽节间应接触良好，安装牢固；

g. 安装机柜、机架、配线设备屏蔽层及金属钢管、线槽使用的接地体应符合设计要求，就应接地，并保持良好的电气连接。

(4)缆线的敷设和保护方式检验

① 缆线一般应按下列要求敷设:

a. 缆线的形式、规格应与设计规定相符;

b. 缆线的布放应自然平直,不得产生扭绞、打圈等现象,不应受外力的挤压和损伤;

c. 缆线两端应贴有标签,应标明编号,标签书写应清晰、端正和正确。标签应选用不易损坏的材料;

d. 缆线终接后,应有余量。交接间、设备间对绞电缆预留长度宜为0.5~1.0m,工作区为10~30mm;光缆布放宜盘留,预留长度宜为3~5m,有特殊要求的应按设计要求预留长度。

② 缆线的弯曲半径应符合下列规定:

a. 非屏蔽4对对绞线电缆的弯曲半径应至少为电缆外径的4倍;

b. 屏蔽4对对绞线电缆的弯曲半径应至少为电缆外径的6~10倍;

c. 主干外绞电缆的弯曲半径应至少为电缆外径的10倍;

d. 光缆的弯曲半径应至少为电缆外径的15倍;

e. 电源线、综合布线系统缆线应分隔布放,缆线间的最小净距应符合设计要求。并应符合表3-8的规定;

f. 建筑物内电、光缆暗管敷设与其他管线最小净距见表3-9的规定;

g. 在暗管或线槽中缆线铺设完毕后,宜在信道两端口出口处用填充材料进行封堵。

③ 预埋线槽和暗管敷设缆线应符合下列规定:

a. 敷设线槽的两端宜用标识表示出编号和长度等内容;

b. 敷设暗管宜采用钢管或阻燃硬质PVC管。布放多层屏蔽电缆、扁平电缆和大多数主干光缆时,直线管道的管径利用率为50%~60%,弯管道应为40%~50%。暗管布放4对对绞电缆或4芯以下光缆时,管道的截面利用率为25%~30%。预埋线槽应采用金属线槽,线槽的截面利用率不应超过50%。

④ 设置电缆桥架和线槽敷设缆线应符合下列规定:

a. 电缆线槽、桥架宜高出地面2.2m以上。线槽和桥架顶部距楼板不宜小于30mm;在过梁或其他障碍物处,不应小于50mm;

b. 槽内缆线布放应顺直,尽量不交叉,在缆线进出线槽部位、转弯处应绑扎固定,其水平部分缆线可以不绑扎。垂直缆线槽布放缆线应每间隔1.5m固定在缆线支架上;

c. 电缆桥架内缆线垂直敷设时,在缆线的上端和每间隔1.5m处应固定在桥架的支架上:水平敷设时,在缆线的首、尾、转弯及每间隔5~10m处进行固定;

d. 在水平、垂直桥架和垂直线槽中敷设缆线时,应对缆线进行绑扎。对绞电缆、光缆及其他信号电缆应根据缆线的类别、数量、缆径、缆线芯数分束绑扎。绑扎间距不宜大于1.5m;

e. 楼内光缆宜在金属线槽内敷设,在桥架敷设时应在绑扎固定段加装垫套;

f. 采用吊顶支撑柱作为线槽在顶棚敷设缆线时,每根支撑柱所辖范围内的缆线可以不设置线槽进行布放,但应分束绑扎,缆线护套应阻燃,缆线选用应符合设计要求;

g. 建筑群子系统采用架空、管道、直埋、墙壁及暗管敷设电、光缆的施工技术要求应按照本地网通信线路工程验收的相关规定执行。

(5)保护措施

① 预埋金属线槽保护要求如下:

a. 在建筑物中预埋线槽,宜按单层设置,每一路由预埋线槽不应超过3根,线槽截面高度不宜超过25mm,总宽度不宜超过300mm;

b. 线槽直埋长度超过30m或在线槽路由交叉、转弯时,宜设置过线盒,以便于布放缆线和维修；

c. 过线盒盖能开启，并与地面齐平，盒盖处应具有防水功能；

d. 过线盒和接线盒盒盖应能抗压；

e. 从金属线槽至信息插座接线盒间的缆线宜采用金属软管敷设。

② 预埋暗管保护要求如下：

a. 预埋在墙体中间的最大管径不宜超过50mm，楼板中暗管的最大管径不宜超过25mm；

b. 直线布管每30m处应设置过线盒装置；

c. 暗管的转弯角度应大于90°，在路径上每根暗管的转弯角度不得多于2个，并不应有S弯出现。有弯头的管段长度超过20m时，应设置管线过线盒装置；在有2个弯时，不超过15m应设置过线盒；

d. 暗管转弯的曲率半径不应小于该管外径的6倍，如暗管外径大于50mm时，不应小于10倍；

e. 暗管管口应光滑，并加有护口保护，管口伸出部位宜为25~50mm。

③ 网络地板缆线敷设保护要求如下：

a. 线槽之间应沟通；

b. 线槽盖板应可开启，并采用金属材料；

c. 线槽的宽度由网络地板盖板的宽度而定，一般宜在200mm左右，支线槽宽不宜小于70mm；

d. 地板块应抗压、抗冲击和阻燃。

④ 设置缆线桥架和缆线线槽保护要求如下：

a. 桥架水平敷设时，支撑间距一般为1.5~3m，垂直敷设时固定在建筑物构体上的间距宜小于2m，距地1.8m以下部分应加金属盖板保护；

b. 金属线槽敷设时，在下列情况下设置支架或吊架，线槽接头处、每间距3m处、离开线槽两端出口0.5m处、转弯处；

c. 塑料线槽槽底固定点间距一般宜为1m；

d. 铺设活动地板敷设缆线时，活动地板内净空应为150~300mm；

e. 采用公用立柱作为顶棚支撑柱时，可在立柱中布放缆线。立柱支撑点宜避开沟槽和线槽位置，支撑应牢固。立柱中电力线和综合布线缆线合一布放时，中间应有金属板隔开，间距应符合设计要求；

f. 金属线槽接地应符合设计要求；

g. 金属线槽、缆线桥架穿过墙体或楼板时，应有防火措施。

⑤ 干线子系统缆线敷设保护方式应符合下列要求：

a. 缆线不得布放在电梯或供水、供气、供暖管道竖井中，亦不应布放在强电竖井中；

b. 干线通道间应沟通；

c. 建筑群子系统缆线敷设保护方式应符合设计要求。

(6)缆线终接

① 缆线终接的一般要求如下：

a. 缆线在终接前，必须核对缆线标识内容是否正确；

b. 缆线中间不允许有接头；

c. 缆线终接处必须牢固、接触良好；

d. 对绞电缆与插接件连接应认准线号、线位色标，不得颠倒和错接。

② 对绞电缆芯线终接应符合下列要求：

终接时，每对对绞线应保持扭绞状态，扭绞松开长度对于5类线不应大于13mm。对绞线在与

8 位模块式通用插座相连时，必须按色标和线对顺序进行卡接。插座类型、色标和编号应符合图 3-1 的规定。

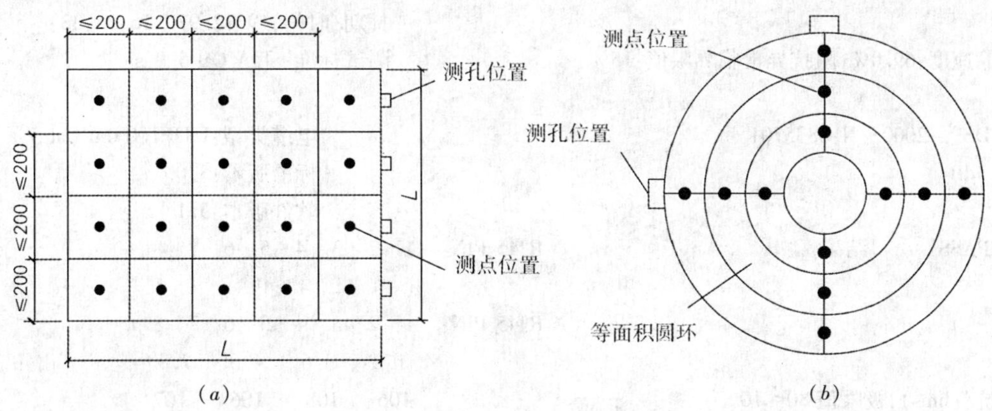

图 3-1　缆线的连接方式图

在两种连接图中，首推 A 类连接方式，但在同一布线工程中两种连接方式不应混合使用。屏蔽对绞电缆的屏蔽层与接插件终接处屏蔽罩必须可靠接触，缆线屏蔽层应与接插件屏蔽罩 360°圆周接触，接触长度不宜小于 10mm。

③ 光缆芯线终接应符合下列要求：

a. 采用光纤连接盒对光纤进行连接、保护，在连接盒中光纤的弯曲半径应符合安装工艺要求；

b. 光纤熔接处应加以保护和固定，使用连接器以便于光纤的跳接；

c. 光纤连接盒面板应有标志；

d. 光纤连接损耗值，应符合表 3-5 的规定。

④ 各类跳线的终接应符合下列规定：

a. 各类跳线缆线和插件间接触应良好，接线无误，标志齐全。跳线选用类型应符合系统设计要求；

b. 各类跳线长度应符合设计要求，一般对绞电缆跳线不应超过 5m，光缆跳线不应超过 10m。

(7)电气测试

① 电缆电气指示检测

需使用多功能测试仪（如 Fluke 公司生产的 DSP 系统测试仪，Agilent 公司生产的 Wirescope 系统测试仪）。它带两根两头适合 RJ45 信息点的电缆。如果是在使用 RCP 型连接模块的配线架上连接，应一头连接带 RJ45 插头的 4 对线，另一头连接带跳线连接头。

多功能测试仪是一种电缆测试仪，可检测双绞线电缆的带宽和精度。这种多功能测试仪自动核对双绞线的所有组合，不仅决定安装级别，还决定使用什么样的地域网络。它可以储存、打印数据，或将数据传输至个人电脑上。

多功能测试仪使用方便，配有标准电缆、地域网络和水平特征的预设程序。其中的数据库使多功能测试仪可以判断安装水平和可以支持的网络。

一份标准的测试报告汇集所有根据标准中连接性能作测试的数据，在测试时可自定义所选标准类型或可设置标准数据。

下面是采用 DSP-2000 测试仪测试的一份连接报告。在实施检测之前，应了解标准对测试链路的不同要求。

BEIJING SUNSVIEW　　　　测试总结果：　PASS
地点：TONGLIAOVEHICLESECTION　　　　电缆识别名：CJ－A
操作员：　　　　日期/时间：19.12.97　16：34：33：
额定传输速度：69.0%　阻抗异常临界限值：15%　　　　测试标准：TJA Cat 5 Basic
Link
FLUKE DSP－2000S/N：6835701　　　　电缆类型：UTP 100 0m Cat 5
余量：6.3dB　　　　标准版本：5.00
软件版本：5.1

连线图 PASS　　结果　　RJ45 PIN：1 2 3 4 5 6 7 8
| | | | | | | |
RJ45 PIN：1 2 3 4 5 6 7 8

线对	1.2	3.6	4.5	7.8
特性阻抗(ohms)，极限值 80～10	106	108	106	107
长度(m)，极限值 94.0	100.3	99.3	99.9	98.5
传输延迟(ns)	485	480	483	476
延迟偏离(ns)，极限值 50	9	4	7	0
电阻值(ohms)	17.3	17.2	17.1	17.1
衰减(dB)	19.7	19.7	19.3	19.3
极限值(dB)	21.7	21.7	21.7	21.7
余量(dB)	2.0	2.3	2.4	2.4
频率(MHz)	100.0	100.0	100.0	100.0

线对	1.2～3.6	1.2～4.5	1.2～7.8	3.6～4.5	3.6～7.8	4.5～7.8
近端串扰(dB)	58.6	56.5	43.5	53.4	44.1	41.1
极限值(dB)	45.3	44.5	32.5	47.1	32.9	31.7
余量(dB)	13.3	12.0	11.0	6.3	11.2	9.4
频率(MHz)	10.2	11.7	64.7	8.0	61.1	71.7
远端的近端串扰(dB)	42.0	43.1	46.2	39.1	42.6	42.2
极限值(dB)	31.1	33.6	32.5	29.9	33.1	34.5
余量(dB)	10.9	9.5	13.7	9.2	9.5	7.7
频率(MHz)	78.4	55.2	64.2	92.4	58.7	48.6

TLA2002 年 6 月批准的 TLA－568－B 标准，已经修改了关于商业建筑布线系统的设计、安装和性能的 TLA－568－A 标准要求，该标准包括了所有自 TLA－568－A 标准公布后的电信系统说明，并引用了 TSB 标准。针对现场测试的需要，TLA－568－B 标准有了重要的变化，TLA 采用新的链路配置来验证已安装电缆性能——这就是永久链路测试模式，它是另一标准化组织 ISO 的布线标准 ISO11801 中较早采用的测试模式。

② 检测步骤

完成综合布线的检测需要 2～3 名配备通讯系统（电话或对讲机）的操作人员。需测试的信息点应事先列表。

第一步先用供检测的电缆将发射器与测试仪连接来校准仪器。在每次测试之前实施这一步骤是必须的。1 名操作人员持测试仪在配线架处，测试仪通过电缆连接配线盘，另 1 名操作人员持发射器沿安装接点用另一根电缆连接。

测试仪的电缆数据库包含目前所有的双绞线电缆和同轴电缆规格，需在数据库中确认被测试的电缆规格，然后即可开始测试；信息点一个一个测试；主干缆和电话电缆的检测也在各点进行。

根据报告不同，有几种不同的测试：

a. 自动测试

自动测试是决定电缆级别和电缆可以支持什么样的网络的工具。它在所有对线电缆上进行整套测试，以100MHz或250MHz测试频带，将串音、衰减和信噪比与预录的水平和网络限制比较以得出“通过”或“不通过”的结果。每次测试结果可以存储，打印或传送至个人电脑，在检测时应注意，若2个以上测试余量在检测仪器精度范围内（即带*号的测试点），应判不通过。

b. 快速检查

这种方式可以快速检查布线的完整性而不必进行全套测试。它可在大约10秒种内检查完电缆的连续性、测量出电缆的长度和发现电缆分路。

电缆的连续性可以用图像显示，以检查接点是否错误、短路或断裂。另外至断裂或短路的距离也可以测量。STP电缆屏蔽层的连续性同样可以通过测量进行检查。

多功能测试仪可以将给定日期内测试的电缆长度相加，这样就可以按安装长度进行计算收费。快速检测的结果可以进行打印或存储。

c. “线路图”方式

为了快速检查电缆的连续性或识别电缆，应采用线路图方式。这种方式不但可以及时检测电缆的连续性。而且如果发现问题，它可以通过图像显示坏点、短路和断裂，并给出距离。

d. 其他可选的测试方式

网络测试：

网络测试提供比自动测试更快的选择。当只测试特定地域网络的安装时采用这种方式。从系列地域网络中选定一个网络后，多功能测试仪通过CONTACTS（接触）对频率范围和所选网络的性能进行所有测量，然后检测串音、衰减和信噪比的预设限制，以得出“通过”或“不通过”的结论。

电缆长度：

一个综合时间域反射计（TDR）确定每对电缆的长度，可以从数据库中选择一种电缆，利用所选电缆的标准传输速率可以计算出电缆长度。如果不知道传输速率，可以利用一根已知长度的电缆测出。电缆长度可以由不同终端测得：断裂、短路或适当的远点。

环境噪声：

必须启动NOISE（环境噪声）菜单检查电缆上是否有间歇噪声。这项功能记录最大噪声并能不断更新噪声水平记录。最好让NOISE功能保持一定时间以便捕捉噪声源。

(8) 光缆测试

光纤测试使用的仪器主要是OTDR测试仪，可以测试光纤断点的位置、光纤链路的全程损耗；了解沿光纤长度的损耗分布；光纤接续点的接头损耗。

为了测试准确，OTDR测试仪的脉冲大小和宽度要适当选择，应按照厂方给出的折射率n值的指标设定。在判断故障点时，如果光纤长度预先不知道，可先放在自动OTDR，找出故障点的大体地点，然后放在高级OTDR。将脉冲大小和宽度选择小一点，但要与光纤长度相对应，盲区减少直至与坐标线重合，脉宽越来越精确，当然脉冲太小后曲线显示出波噪，要恰到好处。再就是加接探纤盘，目的是为了防止近处有盲区不易发觉。判断断点时，如果断点不在接续盒处，将就近处接续盒打开，接上OTDR测试仪，测试故障点距离测试点的准确距离，利用光纤上的米标就很容易找出故障点。利用米标查找故障时，对层绞式光缆还有一个绞合率问题，那就是光缆的长度和光纤的长度并不相等，光纤的长度大约是光缆的长度的1.005倍，利用上述方法可成功排除多出断点和高损耗点。为了确保电缆的安装质量，在接上电缆和安装连接器之后，必须进行光纤的连续性检查。所有光缆芯都必须经过测试。

其中有两种测量必须进行：

① 衰减测量

衰减测量,也称第一级测量,用一个发射信号的大功率的校准发生器和一个测量接收的光纤辐射测量仪进行。

在每次测量之前,都应清洗所有接插件。为了避免测量错误,两架仪器(发生器和接收器)应当使用同样的测量电缆(3m)。这些电缆应当具有和所测光纤芯同样的特点。

所有测试程序都从校准接收器开始。为此,须将发生器和接收器用一根3m长的电缆直接连接在一起。然后向接收器进行大功率发射,再校准接收器至液晶显示上出现0dB。用850nm的波长进行测试。测试中得到的衰减最大值,等于光纤衰减即这一波长的3.5dB/km,在此之上增加各种连接所产生的衰减(接插件和接头)。我们认为连接设备的90%在不超过850nm时衰减为0.3dB。

测试可用以下两种方式:

一位测试人员进行测试的方式:两架仪器采用放在同一个地方进行测试,但在测试时可以与另一处形成回环。

进行测试时,要求在最后配线架的不同光缆处通过一些长度为10m的光纤跳线电缆构成回环。然后一对一对检测每对光纤的光芯。发射器和接收器放在同一地点(开始配线间)。用一根长3m的光纤电缆把发射器连接到光缆头或光纤配线架上的第一根光纤上。用第二根3m长的光纤电缆把接收器连接至第二根光纤上。先测量一下回环情况,然后测试人员再将接收器连接至第三根光纤上同样进行测试,以同样方法测试第四、第五和第六根光纤。

测试程序是:

a. 校准接收器;

b. 装上跳线电缆;

c. 测量线路并将测试结果存入电脑中。

校准时用一根3m长的电缆将发射器和接收器构成回环。应当向接收器进行大功率发射并校准接收器至液晶显示0dB。如果测试出的值超过了最大希望值,就应当借助于光纤反射仪来确定出故障的地点。

测试结果要放入验收报告资料。

两位测试人员进行测试的方式:两个地方各放一架测试仪进行测试。

进行测试时,两位测试人员应当拥有以下通信工具(电话、对讲机)以便于及时交流。检测是一芯一芯进行的。两名测试人员分别在不同的两端。一个测试人员带有一个光信号发生器,另一位测试人员通过接收器记录测试结果。

② 用反射测量仪测量

用反射测量仪测量,又称之为第二级测量,其目的是看一看光纤的物理状态。因此,损耗的分布可以在显示屏上显示并打印在纸上。所有测试的结果都应进行存储。

测量原理如下:

反射测量仪发出一个大功率的校准光束,然后观察显示屏上是否有一个视觉看得见的反射功率信号出现。这些测试采用波长850nm,但如果人们需要为网络的未来发展趋势测出布线的等级,也可用1300nm。测试中得到的最高衰减值等于光纤衰减值,即850nm时为3.5dB/km,1300nm时为2dB/km,在此之上加上各连接部分产生的衰减(接插件和接头)。一般认为接插部分的90%在不超过850nm时衰减为0.3dB和在不超过1300nm衰减为0.2dB。这些不同测试可以检测出光纤是否处于某个不正常情况(弯曲半径、过分的拉拽或挤压),也可检测得出是否有断线,断线是否因为操作不当,同时也能知道ST/2接插件是否连接的正确。

(9)安全等级测试

检测布线除传输性能,有时也需要判定安全等级;下表是列入UL清单-检测布线和相关的硬件安全等级。

UL 把语音和数据系统使用的布线分成“通信布线和电缆”,缩写 CM。这一类别中为具体应用提供了多种安全等级,用来检测电缆外套的质量。

CMP	填实级通信电缆,这是最高的电缆安全等级,它具有完美的阻燃能力,散发的烟雾和毒素很低。据 UL 定义,在风扇强制密集燃烧条件下,一捆 CMP 电缆必须在燃烧扩散不到 5m 内自行熄灭。CMP 电缆使用基于 Teflode 的化学物质,阻止燃烧扩散,使发出的烟雾和毒素达到最小。与 UL 等级较低的电缆相比,这增加了大量成本。CMP 级电缆用于在通风回气通到内敷设电缆大楼中。在发生火灾时,在大楼中不会充满电缆散发的大量烟雾和危险毒素。美国广泛使用这种回气网状物,但世界其他地方使用的较少。CMP 级电缆必须经过严格的燃烧测试:UL910“火焰传播和烟雾密度值测试”
CMR	干线级通信电缆。这是等级居于第二位的电缆,它具有完美的阻燃能力,但没有对散发的烟雾和毒素检测。除 CMP 级电缆外,CMR 电缆所具有的其他通信电缆都使用基于卤化物的化学物质,如氯,阻止燃烧扩散。根据定义,在风扇强制燃烧条件下,一捆 CMR 电缆必须在燃烧扩散不到 5m 内自行熄灭。CMR 电缆外套翼板由某类 PVC 制成,在燃烧时会散发出氯气,氯气会耗尽空气中的氧气,使火焰熄灭。CMR 级电缆广泛用于通风系统在物理上与布线系统分开的干线应用中。这在亚洲和澳大利亚非常常见。CMR 级电缆必须经过密集火焰测试:UL1666 - “通道中垂直安装的电缆火焰传播高度测试”
CM/CMG	通用通信布线。这常见于大楼的水平走线中,与 CMR 级电缆相比,它们通常分成更小的捆。CM/CMG 级电缆使用基于卤化物的化学物质实现阻燃。根据定义,在一小捆电缆中,CM/CMG 电缆必须在燃烧扩散不到 5m 内自行熄灭。火焰没有使用风扇强制燃烧。CM/CMG 级电缆外套通常由某类 PVC 制成,在燃烧时会散发出氯气。CM/CMG 级电缆通常用于英国、亚洲和澳大利亚的水平走线中。CM/CMG 级电缆必须经过 CSA FT - 4“垂直燃烧测试”
CMX	住宅通信布线。这种电缆限定于住宅或使用的通信电缆数量非常少的其他小型应用中,这些应用一般仅敷设一条电缆。CMX 级工具不能用于成捆的电缆应用。CMX 级电缆必须经过 UL VW1 燃烧测试

布线行业中使用的另一种安全等级是低烟雾零卤素(LSZH)电缆。这种安全等级是 ISO/IEC 标准划分的,在欧洲应用广泛。LSZH 级与 UL CMP 级一样,检测阻燃能力和散发的气体。顾名思义,燃烧的 LSZH 不会发出卤化物气体。散发的烟雾非常低。LSZH 级电缆可以用于铜缆和光纤通信电缆,其结构与 UL 级电缆类似。

(10)常见故障及定位分析

通过测试可以发现链路中存在的各种故障,这些故障包括接线图(Wire Map)错误、电缆长度(Length)问题、衰减(Attenuation)过大、近端串扰(NEXT)过高、回波损耗(Return Loss)过高等。为了保证工程质量通过验收,需要及时确定和解决故障,从而对故障的定位技术以及定位的准确度提出了较高的要求。

这里介绍两种先进的故障定位技术:

① 线图错误

主要包括以下几种错误类型:反接、错对、串绕。对于前两种错误,一般的测试设备都可以很容易地发现,测试技术也非常简单,而串绕却是很难发现的。由于串绕破坏了线对的双绞因而造成了线对之间的串扰过大,这种错误会造成网络性能的下降或设备的死锁。然而一般的电缆验证测试设备是无法发现串绕位置的。利用 HDTDX 我们就可以轻松地发现这类错误,它可以准确地报告串绕电缆的起点和终点(即使串绕存在于链路中某一部分)。

② 电缆接线图及长度问题

主要包括以下几种错误类型:开路、短路、超长。开路、短路在故障点都会有很大的阻抗变化,对这类故障可以利用 HDTDR 技术来进行定位。故障点会对测试信号造成不同程度的反射,并且不同的故障类型的阻抗变化是不同的,因此测试设备可以通过测试信号相位的变化以及相应的反射时延来判断故障类型和距离。当然,定位的准确与否还受设备的信号在该链路中额定传输速率(NVP)值的影响。超长链路发现的原理是相同的。

下面再介绍两种常见故障的定位方法。

① HDTDR(High Definition Time Domain Reflectometry)

高精度的时域反射技术,主要针对有阻抗变化的故障进行精确的定位。该技术通过在被测线对中发送测试信号,同时监测信号在该线对的反射相位和强度来确定故障的类型,通过信号发生反射的时间和信号在电缆中传输的速度可以精确地报告故障的具体位置。

② HDTDC(High Definition Time Domain Crosstalk)

高精度的时域串扰分析技术,主要针对各种导致串扰的故障进行精确的定位。以往对近端串扰的测试仅能提供串扰发生的频域结果,即只能知道串扰发生在那个频点(MHz),并不能报告串扰发生的物理位置,这样的结果远远不能满足现场解决串扰故障的需求。而 HDTDC 技术是通过在一个线对上发送测试信号,同时在时域上对相邻对测试串扰信号。由于是在时域进行测试,因此根据串扰发生的时间以及信号的传输速度可以精确地定位串扰发生的物理位置。这是目前唯一能够对近端串扰进行精确定位并且不存在测试死区的技术。

(11)抽样规则

施工单位必须提交布线系统的自测报告。测试报告必须覆盖工程 100% 的综合布线链路或信道。在验收测试时,应根据以下规则全部或抽样测试:

① 全部测试

系统中光纤必须全部测试,双绞线链路也可采用此方案。

② 抽样测试

双绞线布线系统以不低于总信息点 10% 的比例进行随机抽样测试;超五类、六类以不低于 20% 的比例进行随机抽样测试;抽样点应不少于 100 点。系统总点数不足 100 点时,需全部测试。抽样点应兼顾信息点的全面性,并应包括最长布线点。

对于光缆系统,主干链路的光纤必须全部测试,水平布线光纤到桌面抽样测试的比例应不低于 20% 。

③ 验收测试单项合格判断

对于测试的信息点,若规定的指标有一项不符合标准要求,则判定该信息点不合格。若规定的所有指标都符合标准要求,则判定该信息点合格。

(12)综合合格判据

① 抽样测试

若一次抽样测试不合格信息点比例小于 1% ,则判定此系统为合格;否则需进行加倍抽测;若加倍测试不合格比例仍大于 1% ,则需全部测试。

② 全部测试

光缆布线系统:若有一芯光纤无法修复,则判定此系统为不合格;只有当全部光纤合格(允许修复),才判定此系统为合格。

双绞线系统:在全部测试时,若不可修复的不合格信息点比例大于 1% 时,则判定此系统为不合格,否则判定系统合格。

思　考　题

1. 综合布线系统的相关标准规定,两个有源设备之间的水平链路极限长度为 100m,为什么在进行永久链路测试时，却规定其极限长度为90m，请说明理由。

2. 在链路测试过程中，如果发现链路中有短路现象，请问是否有办法找出该故障点的具体位置，采用什么分析手段来进行故障定位？

3. 请简述对综合布线系统进行认证测试前，需要具备哪些条件？

第三节　智能化系统集成、电源与接地检测、环境系统检测

一、概述

智能化系统集成：指在建筑设备监控系统、火灾自动报警和消防联动系统、安全防范系统等的基础上，实现建筑管理系统（SMS）的集成，以满足建筑监控功能、管理功能和信息共享的需求。通过对建筑和建筑设备的自动检测与优化控制、信息资源的优化管理，为使用者提供最佳的信息服务，使智能建筑适应信息社会的需要，并具有安全、舒适、高效和经济的特点。

所谓系统集成（SI，System Integration），就是通过结构化的综合布线系统和计算机网络技术，将各个分离的设备（如个人电脑）、功能和信息等集成到相互关联的、统一和协调的系统之中，使资源达到充分共享，实现集中、高效、便利的管理。系统集成应采用功能集成、网络集成、软件界面集成等多种集成技术。系统集成实现的关键在于解决系统之间的互连和互操作性问题，它是一个多厂商、多协议和面向各种应用的体系结构。

电源与接地系统：指电源的质量与智能化建筑中接地电阻的大小对于智能化系统影响的评价。

环境系统：指智能建筑周围噪声、室内环境温湿度、室内空气中一氧化碳、二氧化碳的质量、电磁场的辐射大小等，对智能建筑系统内工作人员和机器影响的评价。

1. 智能化系统集成

系统集成包括设备系统集成和应用系统集成。

（1）设备系统集成

设备系统集成，也可称为硬件系统集成，在大多数场合简称系统集成，或称为弱电系统集成，以区分于机电设备安装类的强电集成。它指以搭建组织机构内的信息化管理支持平台为目的，利用综合布线技术、楼宇自控技术、通信技术、网络互联技术、多媒体应用技术、安全防范技术、网络安全技术等将相关设备、软件进行集成设计、安装调试、界面定制开发和应用支持。设备系统集成也可分为智能建筑系统集成、计算机网络系统集成、安防系统集成。

（2）应用系统集成

应用系统集成是以系统的高级程度为客户需求提供应用的系统模式，以及实现该系统模式的具体技术解决方案和运作方案，即为用户提供一个全面的系统解决方案。应用系统集成已经深入到用户具体业务和应用层面，在大多数场合，应用系统集成又称为行业信息化解决方案集成。应用系统集成可以说是系统集成的高级阶段，独立的应用软件供应商将成为核心。

2. 电源与接地系统

随着电力电子技术的广泛应用与发展，供电系统中增加了大量的非线性负载，特别是静止变流器，从低压小容量家用电器到高压大容量用的工业交直流变换装置，由于静止变流器是以开关方式工作的，会引起电网电流、电压波形发生畸变，引起电网的谐波"污染"。另外，冲击性、波动性负荷，如电弧炉、大型轧钢机、电力机车等运行中不仅会产生大量的高次谐波，而且使得电压波动、闪变、三相不平衡日趋严重，这些对电网的不利影响不仅会导致供用电设备本身的安全性降低，而且会严重削弱和干扰电网的经济运行，造成对电网的"公害"，为此，国家技术监督局相继颁布了涉

及电能质量五个方面的国家标准，即：供电电压允许偏差、供电电压允许波动和闪变、供电三相电压允许不平衡度、公用电网谐波以及供电频率允许偏差等的指标限制。

（1）电压允许偏差

用电设备的运行指标和额定寿命是对其额定电压而言的。当其端子上出现电压偏差时，其运行参数和寿命将受到影响，影响程度视偏差的大小、持续的时间和设备状况而异，电压偏差计算式如下：

电压偏差（%）=（实测电压 - 标称系统电压）/标称系统电压×100%。

《电能质量供电电压允许偏差》（GB 12325 - 2003）规定电力系统在正常运行条件下，用户受电端供电电压的允许偏差为：

1）35kV 及以上供电电压正、负偏差的绝对值之和不能超过系统电压的 10%；

2）10kV 及以下三相供电电压允许偏差为标称系统电压的 ±7%；

3）220V 单相供电电压允许偏差为标称系统电压的 -10% ~ +7%。

在工业企业中，改善电压偏差的主要措施有以下几种：

1）就地进行无功功率补偿，及时调整无功功率补偿量，无功负荷的变化在电网各级系统中均产生电压偏差，它是产生电压偏差的源，因此，就地进行无功功率补偿，及时调整无功功率补偿量，从源上解决问题，是最有效的措施。

2）调整同步电动机的励磁电流，在机器铭牌上的规定值的范围内适当调整同步电动机的励磁电流，使其超前或滞后运行，就能产生超前或滞后的无功功率，从而达到改善网络负荷的功率因数和调整电压偏差的目的。

3）采用有载调压变压器。从总体上考虑无功负荷只宜补偿到功率因数为 0.90 ~ 0.95，仍然有一部分变化无功负荷要电网供给而产生电压偏差，这就需要分区采用一些有效的办法来解决，采用有载调压变压器就是有效而经济的办法之一。

（2）公用电网谐波

谐波（Harmonic）即对周期性的变流量进行傅里叶级数分解，得到频率为大于 1 的整数倍基波频率的分量，它是由电网中非线性负荷而产生的。

（3）电压波动和闪变

电压波动（Fluctuation）即电压方均根值一系列的变动或连续的改变，闪变（Flick）即灯光照度不稳定造成的视感，是由波动负荷，如电弧炉、轧机、电弧焊机等引起的。

（4）三相电压不平衡

《电能质量 三相电压允许不平衡度》（GB/T 15543 - 1995）适用于交流额定频率为 50Hz 电力系统正常运行方式下由于负序分量而引起的 PCC 点连接点的电压不平衡，该标准规定：电力系统公共连接点正常运行方式下不平衡度允许值为 2%，短时间不得超过 4%。

不平衡度允许值指的是在电力系统正常运行的最小方式下负荷所引起的电压不平衡度为最大的生产（运行）周期中的实测值，例如炼钢电弧炉应在熔化期测量等。在确定三相电压允许不平衡指标时，该标准规定用 95% 概率值作为衡量值。即正常运行方式下不平衡度允许值，对于波动性较小的场合，应和实际测量的五次接近数值的算术平均值对比；对于波动性较大的场合，应和实际测量的 95% 概率值对比；以判断是否合格。其短时允许值是指任何时刻均不能超过的限制值，以保证保护和自动装置的正确动作。

（5）电网频率

《电能质量 电力系统频率允许偏差》（GB/T 15945 - 1995）中规定：电力系统频率偏差允许值为 0.2Hz，当系统容量较大时，偏差值可放宽到 -0.5 ~ +0.5Hz，标准中未说明系统容量大小的界限。而在《全国供用电规则》中有规定："供电局供电频率的允许偏差为：电网容量在 300 万千瓦及以上者为0.2Hz;电网容量在300万千瓦以下者为0.5Hz。”实际运行中,我国各跨省电力系统频率为50Hz,允许偏差保持在-0.1～+0.1Hz的范围内。

UPS是不间断电源(uninterruptible power system)的英文简称,是能够提供持续、稳定、不间断的电源供应的重要外部设备。从原理上来说,UPS是一种集数字和模拟电路,自动控制逆变器与免维护贮能装置于一体的电力电子设备;从功能上来说,UPS可以在市电出现异常时,有效地净化市电;还可以在市电突然中断时持续一定时间给电脑等设备供电,使你能有充裕的时间应付;从用途上来说,随着信息化社会的来临,UPS广泛地应用于从信息采集、传送、处理、储存到应用的各个环节,其重要性是随着信息应用重要性的日益提高而增加的。

系统接地的形式

接地形式可分为称为TT系统、TN系统、IT系统。其中TN系统又分为TN-C、TN-S、TN-C-S系统。智能化系统一般使用TN-S系统。

形式以拉丁文字作代号

第一个字母表示电源端与地的关系:

T——电源端有一点直接接地;

I——电源端所有带电部分不接地或有一点通过阻抗接地;

第二个字母表示电气装置的外露可导电部分与地的关系;

T——电气装置的外露可导电部分直接接地,此接地点在电气上独立于电源端的接地点;

N——电气装置的外露可导电部分与电源端接地点有直接电气连接;

短横线(—)后的字母用来表示中性导体与保护导体的组合情况;

S——中性导体和保护导体是分开的;

C——中性导体和保护导体是合一的。

1) TN系统

电源端有一点直接接地,电气装置的外露可导电部分通过保护中性导体或保护导体连接到此接地点。

根据中性导体和保护导体的组合情况,TN系统的形式有以下三种:

①TN-S系统:整个系统的中性导体和保护导体是分开的;

②TN-C系统:整个系统的中性导体和保护导体是合一的;

③TN-C-S系统:系统中一部分线路的中性导体和保护导体是合一的。

2) TT系统

电源端有一点直接接地,电气装置的外露可导电部分直接接地,此接地点在电气上独立于电源端的接地点。

3) IT系统

电源端的带电部分不接地或有一点通过阻抗接地,电气装置的外露可导电部分直接接地。

3.环境系统

计权(加权)即进制讯号噪声比(Signal Noise Ratio)简称讯噪比或信噪比,是指有用讯号功率与无用的噪声功率之比。为了模拟人耳听觉在不同频率有不同的灵敏性,在声级计内设有一种能够模拟人耳的听觉特性,把电信号修正为与听感近似值的网络,这种网络叫作计权网络。通过计权网络测得的声压级,已不再是客观物理量的声压级(叫线性声压级),而是经过听感修正的声压级,叫作计权声级或噪声级。

计权网络一般有A、B、C三种。A计权声级是模拟人耳对55dB以下低强度噪声的频率特性,B计权声级是模拟55dB到85dB的中等强度噪声的频率特性,C计权声级是模拟高强度噪声的频率特性。三者的主要差别是对噪声低频成分的衰减程度,A衰减最多,B次之,C最少。A计权声级由于其特性曲线接近于人耳的听感特性，因此是目前世界上噪声测量中应用最广泛的一种，B、C已逐渐不用。从声级计上得出的噪声级读数，必须注明测量条件，如单位为 dB，且使用的是 A 计权网络，则应记为 dB(A)。

室内空气品质评价是认识室内环境的一种科学方法，是随着人们对室内环境重要性认识的不断加深所提出的新概念。它反映在某个具体的环境内，环境要素对人群的工作、生活适宜程度，而不是简单的合格不合格的判断。室内空气品质评价分为现状评价和影响评价两类，影响评价是指对拟建项目的评价。

通常选用二氧化碳、一氧化碳、甲醛、可吸入性微粒(IP)、氮氧化物、二氧化硫、室内细菌总数，加上温度、相对湿度、风速、照度以及噪声共 12 个指标来定量地反映室内环境质量。

二、检测依据

《智能建筑工程质量验收规范》(GB 50339—2003)；
《智能建筑工程检测规程》(CECS182:2005)；
《建筑智能化系统工程检测规程》(DB 32/365—1999)；
《建筑电气工程施工质量验收规范》(GB 50303—2002)；
《智能建筑设计标准》(GB 50314—2006)；
《电能质量 电压波动和闪变》(GB 12326—2000)；
《电能质量 供电电压允许偏差》(GB/T 12325—2003)；
《电能质量 三相电压允许不平衡度》(GB/T 15543—1995)；
《通信用不间断电源 - UPS》(YD/T 1095—2000)；
《建筑物防雷装置检测技术规范》(GB/T 21431—2008)；
《建筑物防雷设计规范》(GB 50057—1994(2000 年版))；
《电气装置安装工程接地装置施工及验收规范》(GB 50169—2006)；
《系统接地的形式及安全技术要求》(GB 14050—1993)；
《建筑物电子信息系统防雷技术要求》(GB 50343—2004)；
《声环境质量标准》(GB 3096—2008)；
《电磁辐射防护规定》(GB 8702—1988)；
《环境电磁波卫生标准》(GB 9175—1988)；
《计算站场地安全要求》(GB 9361—1988)；
《建筑照明设计标准》(GB 50034—2004)；
《电子计算机机房设计规范》(GB 50174—2008)；
《电子计算机场地通用规范》(GB/T 2887—2000)。

三、检测方法

1. 智能化系统集成

(1) 仪器设备

智能网络分析仪。

(2) 检测项目及操作

1) 系统集成网络连接检测

① 相连接的硬件产品和接口的性能、功能、安全性、电源和接地、可靠性及电磁兼容性应符合设计要求。

检查各子系统的检测结果，或按照设计文件针对某个硬件和接口做相应的检测。要求全部检测,100%合格时为检测合格。

② 系统连接(硬线连接、串行通讯连接、专用网关接口连接等方法)应满足以下应用要求:

a. 根据网络设备连通图,网管工作站应和任一台网络设备通信;

b. 各子网间的通信符合网络配置的要求,允许通信的可以通信,不允许通信的无法通信;

c. 按照网络配置的要求,满足局域网与公用网的通信能力;现场检验。连接测试方法可采用PING等测试命令或采用网络分析仪测试。要求全部检测,100%合格时为检测合格。

2)系统数据集成检测

① 服务器端要求能够显示各子系统的数据,界面应汉化和图形化,数据显示应准确,响应时间等性能指标应符合设计要求。现场检验,用秒表读取响应时间。对各子系统应全部检测,100%合格为检测合格。

② 客户端应在服务器统一界面下显示数据,界面应汉化和图形化,数据显示应准确,响应时间等性能指标应符合设计要求。现场检验,用秒表读取响应时间。对各子系统应全部检测,100%合格为检测合格。

3)系统集成整体协调检测

① 在现场模拟火灾信号,在操作员站观察报警和做出判断情况,记录视频安防监控系统、门禁系统、紧急广播系统、空调系统、通风系统和电梯及自动扶梯系统的联动逻辑是否符合设计文件要求。符合设计要求的为检测合格,否则为检测不合格。

② 在现场模拟非法侵入(越界或入户),操作员在操作员站观察报警和做出判断情况,记录视频安防监控系统、门禁系统、紧急广播系统和照明系统的联动逻辑是否符合设计文件要求。符合设计要求的为检测合格,否则为检测不合格。

4)系统集成综合管理及冗余功能检测

① 系统集成的综合管理检测应包括对基于系统集成中央数据库基础上的物业管理、设备管理、能源管理等的检测,检查其是否符合设计要求。全部符合设计要求为合格。

② 检测系统集成冗余和容错功能、故障自诊断、事故情况下的安全保障措施等,检查其是否符合设计文件要求。全部符合设计要求为合格。

5)系统集成可维护性和安全性检测

① 可靠性维护检测时,应通过设定系统故障,检测系统的故障处理能力和可靠性维护性能。符合设计要求为合格。

② 系统安全性的检测按网络安全系统检测方法进行检测。

2. 电源与接地检测

电源系统检测

(1)仪器设备

电源质量分析仪;绝缘电阻测试仪;直流耐压试验仪;交流耐压试验仪;游标卡尺;声级计。

(2)检测数量及合格判定

稳压、稳流、不间断电源装置和蓄电池组和充电设备应全数检测。智能化系统机房集中供电设备和线路安装应全数检查。智能化系统的其他专用电源设备和电源箱的抽检数量不应低于20%,且不少于3台,少于3台时,应全数检测。检测结果符合设计要求为合格,被检设备的合格率应为100%。

(3)检测项目及操作

1)电源系统的检测

① 查建筑物公用电源的验收文件。

② 用实测或检查测量记录,检查电源质量,符合设计要求为合格。

③ 智能化系统独立设置的稳压、稳流、不间断电源装置的检测应采用下列方法：

a. 采用观察检查、核对设备型号、规格；检查接线的连接质量。

b. 检查不间断电源的电气交接试验记录。

c. 检查不间断电源的输入、输出各级保护系统和输出的电压稳定性、波形畸变系数、频率、相位、静态开关的动作等各项技术性能指标和参数调整。

d. 采用便携式绝缘电阻测试仪实测或检查绝缘电阻测试记录的方法，检查装置间连线的线间、线对地间的绝缘电阻值。

e. 检查不间断电源输出端的中性线(N 极)，是否有 2 根以上接地导体与由接地装置直接引来的接地干线相连接。

f. 检查机架组装、紧固以及水平度、垂直度、偏差。

2)智能化系统独立设置的蓄电池组和充电设备的检测

①通过检查充、放电记录，检查蓄电池组和充电设备的充放电的各项指标是否符合产品技术条件。

②采用便携式绝缘电阻测试仪实测或检查绝缘电阻测试记录的方法，检查蓄电池组母线对地的绝缘电阻值，110V 的蓄电池组不应小于 0.1MΩ；220V 的蓄电池组不应小于 0.2MΩ。

③采用便携式绝缘电阻测试仪实测或检查绝缘电阻测试记录的方法，检查直流屏主回路线间和线对地间绝缘电阻值；直流屏所附蓄电池组的充、放电是否符合产品技术条件；整流器的输出特性是否符合产品技术条件。在检测时，应将屏内电子器件从回路上退出。

3)智能化系统机房电源设备、各楼层设置的用户电源箱的检测

①采用观察和手感检查电源箱的接地、接零和标识。

②采用观察检查电源箱的电击保护。

③采用便携式绝缘电阻测试仪实测或查看绝缘电阻测试记录，检查线间和线对地间绝缘电阻值。

④采用便携式绝缘电阻测试仪实测或查看绝缘电阻测试记录，检查二次回路耐压试验。

⑤采用便携式绝缘电阻测试仪实测或查看测试记录，检查直流屏主回路和线对地间绝缘电阻。

⑥采用目测观察、钢板尺实测或查看测试记录，检查配电箱（盘）内的电器安装和布线。

⑦采用观察或查看测试记录，检查电源箱的过负荷、短路和缺相保护等功能，以及电压、电流检测的指示仪表。

⑧检查试通电情况。

⑨采用观察或查看测试记录，检查电线或母线连接处温升情况。

4)用模拟市电停电方法，检查机房应急照明灯的自动投入运行功能和应急出口标志灯的指示功能。

防雷和接地系统检测

(1)仪器设备

接地电阻测试仪；游标卡尺。

(2) 检测数量及合格判定

各智能化系统的防雷与接地应全数检查。符合设计要求为合格，合格率应为 100 %。

(3)检测项目及操作

① 检查防雷与接地系统的验收文件记录；

② 等电位连接和共用接地的检测应符合下列要求：

a. 检查共用接地装置与室内总等电位接地端子板连接，接地装置应在不同处采用 2 根连接导

体与总等电位接地端子板连接;其连接导体的截面积,铜质接地线不应小于 $35mm^2$,钢质接地线不应小于 $80mm^2$;

b. 检查接地干线引至楼层等电位接地端子板和监控室局部等电位接地端子板,局部等电位接地端子板与预留的楼层主钢筋接地端子的连接情况。接地干线采用多股铜芯导线或铜带时,其截面积不应小于 16 mm^2,并检查接地干线的敷设情况;

c. 检查楼层配线柜的接地线,应采用带绝缘层的铜导线,其截面积不应小于 16 mm^2;

d. 采用便携式数字接地电阻计实测或检查接地电阻测试记录,检查接地电阻值应符合设计要求;防雷接地与交流工作接地、直流工作接地、安全保护接地共用 1 组接地装置时,接地装置的接地电阻值必须按接入设备中要求的最小值确定;

e. 检查暗敷的等电位连接线及其他连接处的隐蔽工程记录应符合竣工图上注明的实际部位走向;

f. 检查等电位接地端子板的表面应无毛刺、无明显伤痕、无残余焊渣、安装应平整端正、连接牢固;接地绝缘导线的绝缘层应无老化龟裂现象;接地线的安装应符合设计要求。

③ 智能化人工接地装置的检测应符合下列要求:采用检查验收记录,检查接地模块的埋设深度、间距和基坑尺寸;接地模块顶面埋深不应小于 0.6 m,接地模块间距不应小于模块长度的 3 ~ 5 倍;接地模块埋设基坑的尺寸宜采用模块外表尺寸的 1.2 ~ 1.4 倍,且在开挖深度内应有地层情况的详细记录。

④ 检查智能化系统机房电源的防浪涌保护设施和其与接地端子板的连接。

⑤ 检查智能化系统机房的安全保护接地、信号工作接地、屏蔽接地、防静电接地和防浪涌保护器接地等,均应连接到局部等电位接地端子板上。

⑥ 智能化系统接地线缆敷设的检测应符合下列要求:

a. 接地线的截面积、敷设路由、安装方法应符合设计要求;

b. 接地线在穿越墙体、楼板和地坪时应加装保护管。

3. 环境系统检测

(1)仪器设备

表面电阻仪;声级计;CO 测量仪;CO_2 测量仪;温、湿度计;风速计;照度计;电磁场强仪;频谱分析仪。

(2)检测数量及合格判定

智能化系统机房应全数检测。除室内空气环境质量检查项目的合格率不应低于90%外,其余项目的合格率都应为100%。

(3)检测项目及操作

1)空间环境检测

① 用目测或用钢卷尺检测门的宽度、高度,室内顶棚净高、楼板厚度、架空地板的高度。符合设计要求为合格;

② 查智能化系统配线间的面积;

③ 查防静电、防尘地毯,静电泄漏电阻测试值;

④ 用便携式噪声计检测中央监控室、网络中心、程控交换机房等的室内噪声电平。

2)室内空调环境检测

① 查室内空调设备的设置,智能化系统机房的空调设备是否满足 24h 长期运行的要求;

② 查室内温度、相对湿度情况;

③ 查空调设备的室内风速。

3)室内空调环境的检测

① 采用手持式数显温湿度计检测现场温度、相对湿度值；
② 采用手持式风速计检测现场风速；
③ 结合检查机房的运行日志。
4）室内空气环境质量检查
采用便携式气体检测仪进行室内空气环境有害气体 CO、CO_2 等的测量。
5）视觉照明环境的检测
① 采用便携式照度计检测室内光照度、应急照明灯照度和疏散照明灯照度；
② 对照设计文件，检查灯具布置是否满足眩光指数要求。
6）室内电磁环境检测
采用便携式电磁场测试仪检测室内电磁环境。

思考题

1. 什么是系统集成？它的目的是什么？
2. 我国智能建筑系统集成经历了哪几个发展阶段？
3. GB/T 12325—2003 规定的供电电压允许偏差是多少？
4. GB/T 15543—1995 规定的电压不平衡度的限值是多少？

第四节 建筑设备监控系统检测

一、概述

建筑设备自动化系统（BAS：Building Automation System）是将建筑或建筑群内的空调与通风、变配电、公共照明、给排水、热源与热交换、冷冻与冷却、电梯等设备或系统集中监视、控制和管理而构成的综合系统，其监控范围为空调与通风系统、变配电系统、公共照明系统、给排水系统、热源和热交换系统、冷冻和冷却水系统、电梯和自动扶梯系统等各子系统。

空调即空气调节器，是一种用于给空间区域（一般为密闭）提供处理空气的机组。它的功能是对该房间（或封闭空间、区域）内空气的温度、湿度、洁净度和空气流速等参数进行调节，以满足人体舒适或工艺过程的要求。

空调系统一般包括以下几部分

（1）进风——根据人对空气新鲜度的生理要求，空调系统必须有一部分空气取自室外，常称新风。空调的进风口和风管等，组成了进风部分。

（2）空气过滤——由进风部分引入的新风，必须先经过一次预过滤，以除去颗粒较大的尘埃。一般空调系统都装有预过滤器和主过滤器两级过滤装置。根据过滤的效率不同，大致可以分为初（粗）效过滤器、中效过滤器和高效过滤器。

（3）空气的热湿处理——将空气加热、冷却、加湿和减湿等不同的处理过程组合在一起统称为空调系统的热湿处理部分。

热湿处理设备主要有两大类型：

直接接触式：与空气进行热湿交换的介质直接和被处理的空气接触，通常是将其喷淋到被处理的空气中。喷水室、蒸汽加湿器、局部补充加湿装置以及使用固体吸湿剂的设备均属于这一类。

表面式：与空气进行热湿交换的介质不和空气直接接触，热湿交换是通过处理设备的表面进行的。表面式换热器属于这一类。

（4）空气的输送和分配——将调节好的空气均匀地输入和分配到空调房间内，以保证其合适的温度场和速度场。这是空调系统空气输送和分配部分的任务,它由风机和不同形式的管道组成。

根据用途和要求不同,有的系统只采用一台送风机,称为“单风机”系统;有的系统采用一台送风机和一台回风机,则称之为“双风机”系统。管道截面通常为矩形和圆形两种,一般低速风道多采用矩形,而高速风道多用圆形。

(5)冷热源部分——为了保证空调系统具有加温和冷却能力,必须具备冷源和热源两部分。冷源有自然冷源和人工冷源两种。热源也有自然和人工两种。自然热源指地热和太阳能。人工热源是指用煤、石油或煤气作燃料的锅炉所产生的蒸汽和热水,目前应用得最为广泛。

新风系统由风机、排风口、新风机组、送风口、进风口及各种管理通道和接头组成。安装在吊顶内的风机通过管道与一系列的排风口相连,风机起动,室内受污染的空气经排风口及风机排往室外,使室内形成负压,室外新鲜空气便经安装在窗框上方(窗框与墙体之间)的进风口进入新风机组处理经管道送到室内,从而使室内人员可以呼吸到高品质的新鲜空气。

用通风方法改善内部环境,即把不符合卫生标准的污染空气净化或直接排至室外,把新鲜空气经净化符合卫生要求后送入室内。前者称排风,后者称送风。为此而设置的设备及管道称为通风系统。

送排风系统,根据各区域新风、室内二氧化碳浓度来设定送排风的定时启停,以达到保证新风量同时又节能的目的。

末端控制包括变风量和定风量两种,定风量末端大多采用温控器控制电磁阀方式调节,以达到舒适性控制目的,变风量末端一般自身带有控制设备,可用直接数字控制系统(Direct Digital Control 简称 DDC)同其接口监测其参数及运行状态以达到控制要求。

直接数字控制系统:计算机通过模拟量输入通道(AI)和开关量输入通道(DI)采集实时数据,然后按照一定的规律进行计算,最后发出控制信号,并通过模拟量输出通道(AO)和开关量输出通道(DO)直接控制生产过程。因此 DDC 系统是一个闭环控制系统,是计算机在工业生产过程中最普遍的一种应用方式。DDC 系统中的计算机直接承担控制任务,因而要求实时性好、可靠性高和适应性强。

二、检测依据

《智能建筑工程质量验收规范》(GB 50339—2003);
《智能建筑工程检测规程》(CECS 182:2005);
《建筑智能化系统工程检测规程》(DB 32/365—1999);
《智能建筑设计标准》(GB/T 50314—2006);
《建筑电气工程施工质量验收规范》(GB 50303—2002);
《建筑给水排水及采暖工程施工质量验收规范》(GB 50242—2002);
《通风与空调工程施工质量验收规范》(GB 50243—2002)。

三、检测方法

1. 空气处理机组(AHU)和新风机组(PAU)的检测

(1)仪器设备

温度计:精度高于被测对象精度一个等级;湿度计:精度 ±2%;风速仪:精度 ±5%;秒表;电平信号发生器;对讲机。

(2)检测数量

每类机组按总数 20% 抽检,且不得少于 5 台,不足 5 台时全部检测。

(3) 检测项目及操作

① 传感器精度测试

检测室外温湿度、室内温湿度、回风温湿度的测量与传输精度。通过现场实测与系统显示值比对方式检验。实测值与显示值相对误差在±5%以内为合格,或遵从有关技术文件及合同规定。

温度测试时,应避免直射阳光、人体及周围物体对温度计及湿度计的辐射影响。

② 执行机构性能测试

在中央站分别强制设定执行器为0%、50%、80%、100%行程。测试执行机构(风阀、水阀)实际定位精度,偏差不超过±5%为合格。

③ 状态显示值测试

核对电机运行状态、故障状态、手/自动模式的实际状态与显示值的一致性。实际状态与显示值一致为合格。

④ 启/停控制

在中央站发出启/停信号,记录现场机组对命令的响应时间与符合性。在中央站修改预订时间表,使机组按时间程序运行。记录机组工作状态,在中央站通过事件查看命令响应时间,或现场记录机组对启/停命令的响应时间,机组能按命令启/停且响应时间不超过2秒为合格,或遵从技术文件合同的规定。

⑤ 故障报警检测

在现场人工触发电机故障报警信号,在AHU上人工封堵空气过滤器。在中央站观察报警响应状态,查看报警响应时间,中央站能够报警,报警时间不超过2秒为合格,或遵从技术文件合同的规定。

⑥ 温度控制功能检测

在中央站人工改变温度设定值1~2℃,系统按预定控制逻辑正常工作,并能达到控制目标(AHU为室内温湿度,PAU为送风温度),记录温度调节过度时间与温度稳定值,记录在技术文件合同的规定允许范围内为合格。

⑦ AHU多工况运行调节检测

在DDC的室外温湿度输入端口,分别按冬、夏、过渡三季典型温湿度人工输入电平信号。记录风阀、水阀的变化状态,系统能够按照预定多工况设计方案进行运行为合格。

⑧ 冬、夏季工况切换控制检测

在中央站人工改变冬夏工况,温度控制系统按照冬夏控制逻辑工作为合格。

⑨ 防冻保护

停止机组工作,设定室外温度为0℃,记录水阀、风阀工作状态,系统按防冻设计要求工作为合格。

2. 变风量(VAV)空调系统功能检测

(1) 仪器设备与AHU和PAU的检测相同。

(2) 检测数量,按VAV系统总数的20%检测,且不少于4台,不足4台时全部检测。

(3) 检测项目与操作

① 传感器精度测试与AHU和PAU的检测相同。

② 执行机构性能测试与AHU和PAU的检测相同。

③ 状态显示值测试与AHU和PAU的检测相同。

④ 启/停控制测试与AHU和PAU的检测相同。

⑤ 故障报警测试与AHU和PAU的检测相同。

⑥ 室内温度控制与最小风量控制。

在检测的 VAV 系统中，每个系统分别抽测 2 个房间。

a. 在 VAVBox 的 DDC 上人工改变温度设定值 1～2℃，记录 VAVBox 风阀开度的变化及室内温度的变化。当室内温度达到控制目标，季度在允许范围内为合格。

b. 在夏季人工升高室内温度设定值 3～5℃。在冬季人工降低室内温度设定值 3～5℃。记录 VAVBox 风阀的开度变化，风阀能保持最小开度为合格。

⑦ AHU 总风量的调节测试

将系统内所有 VAVBox 投入运行，用风速仪测试总风量，然后分别关闭 1/3 总数的 VAVBox、1/2 总数的 VAVBox、3/4 总数的 VAVBox。测量总风量的变化，总风量调节过渡稳定，无显著波动且总风量呈相应递减关系为合格。

3. 给水系统检测

(1) 检测数量

对给水系统、排水系统和中水系统各抽检 50%，不少于 5 套，总数少于 5 套时，全部检测。

(2) 检测项目与操作

① 状态显示测试

对设备的工作状态、故障状态、手/自动模式、液位、压力参数进行现场值与显示值的比对，全部一致为合格。

② 启/停控制测试

在中央站发出启/停命令，现场设备能按命令正确工作为合格，通过时间记录查询命令响应时间，响应时间不大于 3 秒为合格，或遵从技术文件合同的规定。

③ 液位控制测试

对给水箱或污水坑进行液位控制测试。启动给水泵为给水箱补水或向污水人工注水，记录达到控制液位时水泵的工作状态，其工作逻辑正确时为合格。

④ 测试方法与 AHU 和 PAU 的检测相同。

4. 热源和热交换系统检测

(1) 检测数量

对全部监控设备检测。

(2) 检测项目与操作

① 状态显示测试

对热源、热交换器、水泵等设备的工作状态、故障状态、手/自动模式、温度、压力、流量等参数进行现场值与显示值的比对。状态值全部一致，温度、压力、流量参数相对误差不超过 5% 为合格。

② 故障报警测试

对油泵、水泵等进行故障报警测试，测试方法与 AHU 和 PAU 的检测相同。

5. 冷冻站系统功能检测

(1) 检测数量

全部检测。

(2) 检测项目与操作

① 状态参数显示测试

对冷冻机、冷却塔、冷冻水泵的工作状态、故障状态、手/自动模式进行现场值与显示值的比对，全部一致为合格。

② 温度参数测试

对比冷冻机机内所测冷冻水、冷却水进出口温度与中央站的显示值，偏差不超过 0.5℃ 为合格。

③ 冷冻机启/停控制及联锁控制

在中央站发出冷冻机启/停命令，记录冷冻机启/停与冷却水泵、冷冻水泵、冷却塔等相关设备的联锁关系。符合正确的开机程序和关机程序为合格。即开机时，冷冻水泵、冷却塔先开启，再开启冷冻机；关机时，则秩序相反。

④ 水泵、冷却塔的控制测试

a. 对冷冻水泵、冷却水泵、冷却塔的启动命令测试。设备按命令正确工作为合格。

b. 对冷冻水泵、冷却水泵、冷却塔发出停止命令。最后一组水泵和冷却塔不能停止运行为合格。

⑤ 报警检测

对冷冻机、水泵、冷却塔的报警功能测试，测试方法与 AHU 和 PAU 检测相同。

⑥ 冷冻水温度再设控制

在中央站发出对冷冻水出水温度的再设命令，冷冻机能按再设温度工作为合格。

⑦ 冷冻机群控测试

先将所有空调机组和新风机组全部投入运行，运行参数稳定后人工关闭总数 1/2 的空调机组和新风机组，在新的条件下各参数达到稳定后，再将关闭的空调机组和新风机组全部开机。记录末端空调设备由全负荷运行－1/2 负荷运行－全负荷运行过程中各阶段冷水机组开机台数变化及冷冻水供回水温度；冷冻机群能实现与末端空调设备负荷变化的匹配调节为合格。

6. 送、排风机的检测

(1) 检测数量

送排风机各按其总数的 15% 检测，不少于 3 台，不足 3 台时，全部检测。

(2) 检测项目与操作

① 状态显示测试与 AHU 和 PAU 的检测相同。

② 启/停控制测试与 AHU 和 PAU 的检测相同。送排风机有联锁要求时，应记录启停时的联动工作状况。符合设计要求为合格。

③ 故障报警测试与 AHU 和 PAU 的检测相同。

7. 变配电系统检测

(1) 检测数量

低压回路数的 20%，不少于 5 路，低于 5 路时全部检测，高低压柜，全部检测。

(2) 检测项目与操作

① 电压、电流、有功功率、无功功率、用电量的测试，采用现场数据与显示值比对方式检测。相对误差不超过 2% 为合格。

② 高低压柜的运行状态、变压器温度测试，采用现场值与显示值比对方式检测，全部一致为合格。

8. 公共照明系统检测

(1) 检测数量

按照明回路总数的 20% 抽检，数量不少于 10 路，不足 10 路时全部检测。

(2) 检测项目与操作

① 状态显示测试

对照明状态、故障状态、手/自动状态进行现场与显示值的比对，全部一致为合格。

② 启/停控制

在中央站发出启/停控制、分组控制以及修改时间程序的命令，各照明回路能按控制命令正常工作为合格。

③ 故障报警测试,测试方法与 AHU 和 PAU 的检测相同。

9. 电梯和自动扶梯的功能检测

(1) 检测数量

全部检查。

(2) 检测项目与操作

① 状态显示测试

对运行状态、故障状态、手/自动模式进行现场值与显示值的比对,全部一致为合格。

② 故障报警测试

检测方法与 AHU 和 PAU 的检测相同。

10. 数据通信接口测试

(1) 检测数量

全部检测。

(2) 检测项目与操作

① 数据传输检测

对通过通信接口传输的数据,采用现场实际值与传输结果的显示值进行比对,相对误差不超过 5% 为合格。检测时,人工改变其中一部分数据的现场值,记录传输结果的准确性。

② 传输时间检测

在现场人工改变部分数据(报告/温度值等),记录数据传输时间。响应时间遵从技术合同约定,无约定时,传输时间不超过 8 秒为合格。

③ 启/停控制测试

在中央站发出启/停控制命令。现场设备能按命令正确工作为合格。

11. 系统可维护性测试

检测项目与操作:

(1) 应用软件的编程功能检测

在中央站对二个 AHU 的温度控制是 P 参数修改,将 I 设为 O,并下载至相应 DDC。比较控制效果。DDC 能按新的调节参数运行为合格。

(2) I/O 点位的增加和删除功能检测

选取二个 DDC,在每个 DDC 中增加二个和删除二个 I/O 按点,控制系统能正确适应为合格。

(3) I/O 点位的总量统计

I/O 点位的总亢余数不少于 10% 为合格。

12. 系统可靠性测试

检测项目与操作:

(1) 人工关闭中央站,抽检 2~3 个 DDC。记录 DDC 工作状态,各 DDC 能坚持独立工作为合格。

(2) 人工关闭二个 DDC,中央站能正常工作为合格。

(3) 人工断电,重启电源后,中央站和 DDC 无系统数据丢失,系统能正常工作为合格。

(4) 切断电源,测试 UPS 供电,UPS 切换后无系统数据丢失,系统正常工作为合格。

(5) 人工触发 DDC 故障、人工线路断线,检测系统故障自检能力,系统能自我检测,定位故障点为合格。

(6) 时钟同步检测:检测 DDC 和中央站的时钟,两者保持一致为合格。

13. 系统安全性测试

检测项目与操作:

(1) 工作权限

分别测试不同级别操作人员的工作权限的有效性。访问及操作级别与工作权限相对应为合格。

(2) 数据记录、保存的全面性和时效性

检测历史数据记录的种类及时间,符合技术文件要求为合格。

14. 判定标准:

根据《智能建筑质量验收规范》(GB 50339—2004),系统检测质量的判定标准如下:

(1) 除10.3.1中传感器精度测试,执行机构性能测试检测项目外,其他检测项目全部合格,则判定系统检测合格,否则不合格。

(2) 除I/O 亢余数小于10%、AHU 多工况运行调节、冷冻机群控、冷水温度再设控制检测项目外,其余检测项目全部合格,则判定系统合格,否则为不合格。

思 考 题

1. 简要说明智能化系统检测步骤。
2. BAS 的监控范围和目的是什么?
3. 什么是新风系统?

第五节 安全防范系统检测

一、概述

安全防范自动化系统(SAS:Safety Automation System)是以维护公共安全、预防刑事犯罪和灾害事故为目的,运用电子信息技术、计算机网络技术、系统集成技术和各种现代安全防范技术构成的入侵报警系统、视频监控系统、出入口控制系统等,或这些系统组合或集成的电子系统或网络,主要包括入侵报警系统、视频监控系统、出入口控制系统、停车库管理系统、巡更系统等。

(1)入侵报警系统

入侵报警系统(IAS: intruder alarm system) 利用传感器技术和电子信息技术探测并指示非法进入或试图非法进入设防区域的行为、处理报警信息、发出报警信息的电子系统或网络。

(2)视频安防监控系统

视频安防监控系统(VSCS: video surveillance & control system) 利用视频技术探测、监视设防区域并实时显示、记录现场图像的电子系统或网络。

(3)出入口控制系统

出入口控制系统(ACS: access control system) 利用自定义符识别或/和模式识别技术对出入口目标进行识别并控制出入口执行机构启闭的电子系统或网络。

(4)电子巡查系统

电子巡查系统(guard tour system)对保安巡查人员的巡查路线、方式及过程进行管理和控制的电子系统。

(5)停车场管理系统

停车库(场)管理系统(parking lots management system) 对进、出停车库(场)的车辆进行自动登录、监控和管理的电子系统或网络。

二、检测依据

《智能建筑工程质量验收规范》(GB 50339—2003);

《智能建筑工程检测规程》(CECS182:2005);
《建筑智能化系统工程检测规程》(DB 32/365—1999);
《建筑电气工程施工质量验收规范》(GB 50303—2002);
《智能建筑设计标准》(GB 50314—2006);
《安全防范工程技术规范》(GB 50348—2004);
《入侵探测器 第1部分:通用要求》(GB 10408.1—2000);
《防盗报警控制器通用技术条件》(GB 12663—2001);
《视频入侵报警器》(GB 15207—1994);
《报警系统电源装置、测试方法和性能规范》(GB/T 15408—1994);
《报警图像信号有线传输装置》(GB/T 16677—1996);
《安全防范报警设备安全要求和试验方法》(GB 16796—1997);
《民用闭路监控电视系统工程技术规范》(GB 50198—1994);
《安全防范系统验收规则》(GA 308—2001);
《视频安防监控系统技术要求》(GA/T 367—2001)。

三、检测方法

1. 入侵报警系统的检测

(1)仪器设备

兆欧表(量程:100V,精度1.0级);直流电压表(量程:额定值的1.5倍,精度0.5级);直流电流表(量程:额定值的1.5倍,精度0.5级);音频信号发生器;万用表;声级计;电子秒表。

(2)检测数量及合格判定

探测器和前端设备抽检的数量不低于20%且不得少于3台,不足3台时全部检测,被抽检设备合格率为100%时为合格。

(3)检测项目

① 入侵报警功能检测

a. 各类入侵探测器报警功能检验:

各类入侵探测器应按相应标准规定的检验方法检验探测灵敏度及覆盖范围。在设防状态下,当探测到有人入侵发生,应能发出警报信息。防盗报警控制设备上应能显示出报警发生的区域,并发出声、光报警。报警信息应能保持到手动复位。防范区域应在入侵探测器的有效探测范围内,防范区域内应无盲区。

被动红外、微波、超声及双鉴探测器。采用步行法进行现场测试,目标(双臂叉在胸前)在探测范围边界上分别以0.3、1、3m/s的三种速度移动,在3m或最大探测距离的30%以内(二者取其小值),应产生报警状态。本实验应在最大探测范围内至少选3点进行。

主动红外、微波探测器。用一直径200mm的圆柱体,其长度应能充分遮断光束,以大于10m/s的速度垂直于射束轴线方向通过射束,探测器不应产生报警,当物体以小于5m/s的速度通过射束时探测器应立即产生报警。本实验应在最大探测范围内至少选3点进行。

磁开关探测器。逐渐打开装有磁开关入侵探测器的门、窗,开启门隙最大为60mm,磁开关入侵探测器应立即产生报警。本实验以不同速度进行,至少重复3次。

单基数玻璃破碎探测器;在设计探测范围内以玻璃破碎模拟器发出玻璃破碎模拟声音信号,探测器应立即产生报警。

声音振动玻璃破碎复合探测器:在设计范围内以玻璃破碎模拟器发出玻璃破碎模拟声音信号,同时用力击打探测器安装位置的同侧墙壁,探测器应立即产生报警。本实验在最大探测范围边界上进行，不少于5次。

建筑物入侵探测器：在设计范围内，用0.5kg的钢制测力锤，以大于100N的力连续对装有振动探测器的墙壁进行敲击，探测器应立即报警。本实验应在探测器最不灵敏的方向及设计的最大范围边界上进行，不少于3次。

地音振动入侵探测器：人体质量大于40kg的单人行走在装有地音振动入侵探测器的地面上以0.75m/s的速度行走，探测器应产生报警。本实验应在设计的最大范围边界上的不同点进行，不少于3次。

b. 紧急报警功能检验：

系统在任何状态下触动紧急报警装置，在防盗报警控制设备上应显示初报警发生地址，并发出声、光报警。报警信息应能保持到手动复位。紧急报警装置应有防止误触发措施，被触发后应自锁。当同时触发多路紧急报警装置时，应在防盗报警控制设备上依次显示出报警发生区域，并发出声、光报警。报警信息应能保持到手动复位。报警信息应无丢失。

c. 多路同时报警功能检验：

当多路探测器同时报警时，在防盗报警控制设备上应显示出报警发生地点，并发出声、光报警。报警信息应能保持到手动复位。报警信息应无丢失。

d. 报警后的恢复功能检验：

报警发生后，入侵警报系统应能手动复位。在设防状态下，探测器的入侵与报警功能应正常；在撤防状态下，对探测器的报警信息应不发出报警。

② 防破坏及故障报警功能检验

a. 入侵探测器防拆报警功能检验：

在任何状态下，当探测器机壳被打开，在防盗报警控制设备上应显示出探测器地址，并发出声、光报警。报警信息应能保持到手动复位。

b. 防盗报警控制器防拆报警功能检验：

任何状态下，防盗报警器机盖被打开，防盗报警控制设备应发出声、光报警。报警信息应能保持到手动复位。报警信息应无丢失。

c. 防盗报警控制器信号防破坏报警功能检验：

在有线传输系统中，当报警信号传输线路被开路、短路及并接其他负载时，防盗报警控制设备应发出声、光报警信息，应显示报警信息，报警信息应能保持到手动复位。

d. 入侵探测器电源线防破坏功能检验：

在有线传输系统中，当探测器电源线被切断，防盗报警控制设备应发出声、光报警信息，应显示线路故障信息，该信息应能保持到手动复位。

e. 防盗报警控制器主备电源故障报警功能检验。

f. 电话线防破坏功能检验：

在利用市话网传输报警信号的系统中，当电话线被切断，防盗报警控制设备应发出声、光报警信息，应显示线路故障信息，该信息应能保持到手动复位。

③ 记录、显示功能检验

a. 显示信息检验：

系统应具有显示和记录开机、关机时间、报警、故障、被破坏、设防时间、撤防时间、更改时间等信息的功能。

b. 记录内容检验：

应记录报警发生时间、地点、报警信息性质、故障信息性质等信息。信息内容要求准确、明确。

c. 管理功能检验：

具有管理功能的系统,应能自动显示、记录系统的工作状况,并具有多级管理密码。

④ 系统自检功能检验

a. 自检功能检验:

系统应具有自检或巡检功能,当系统中入侵探测器或报警控制设备发生故障、被破坏,都应有声、光报警,报警信息应保持手动复位。

b. 设防/撤防、旁路功能检验:

系统应能手动/自动设防/撤防,应能按时间在全部及部分区域任意设防和撤防;设防、撤防状态应有显示,并有明显区别。

⑤ 系统报警响应时间检测

检测从探测器探测到报警信号到系统联动设备启动之间的响应时间,应符合设计要求。

检测从探测器探测到报警发生并经市话网电话线传输,到报警控制设备接收到报警信号之间的响应时间,应符合设计要求(一般不大于20s)。

检测系统发生故障到报警控制设备显示信息之间的响应时间,应符合设计要求。报警响应时间一般小于4s(1、2级风险工程小于2s)。

⑥ 报警复核功能检验

在有报警复核功能的系统中,当报警发生时,系统应能对报警现场进行声音或图像复核。

⑦ 报警声级检验

用声级计在距离报警发生器件正前方1m处测量(包括探测器本地报警发声器件、控制台内置发生器件及外置发声器件),声级应符合设计要求。

⑧ 报警优先功能检验

经市话网电话线传输报警信息的系统,在主叫方式下应具有报警优先功能。检验是否有被叫禁用措施。

(4) 检测方法

① 常有探测器工程检测方法

a. 用观察法检测探测器的安装位置、高度和角度,应符合产品技术条件的规定。

b. 检查探测器的防破坏功能:

人为模拟使探测器外壳打开;传输线路断路、短路或并接其他负载;检查监控中心主机应有故障报警信号并指示故障部位,直至故障排除。故障报警时对非故障回路的报警无影响。

c. 检查探测器的报警功能:

主动红外入侵探测器、室内用被动红外入侵探测器、室内用超声波多普勒探测器、室内用微波多普勒探测器、微波和被动红外复合入侵探测器、超声和被动红外复合入侵探测器等,采用布移测试探测器的报警功能。

对室内用被动式玻璃破碎探测器采用模拟的方法检测。在玻璃破碎探测器的探测范围(根据产品技术指标确定)内,用信号发生器模拟玻璃破碎的声音频率(4~5kHz)信号,检查探测器是否有报警信号输出。

对振动入侵探测器,采用人为模拟步行、用钢锤敲击建筑物或保险箱等检查探测器是否有报警信号输出。

对磁开关探测器,采用人为开、关门和窗等方法,监测探测器是否有报警信号输出。

对可燃气体泄漏探测器可用打火机进行模拟检查:在报警器进入工作状态后,用打火机持续向探测器气孔喷入可燃气体(使打火机不点火方式)5s左右,探测器正常时应在5~8s左右发出报警信号。

在检测探测器的报警功能的同时,应在监控中心主机检测下列几项:

●报警的响应时间:响应时间是指从现场探测器报警指示灯亮起,到监控中心报警主机接收到报警信号为止的这段时间;

●监控中心报警信号的声、光显示;

●报警信号在 CRT 或电子地图上的显示;

●报警信号的持续时间,应保持到手动复位;

●在其中一路报警时应不影响其他回路的报警功能。

② 报警控制主机检测

a. 检查布防/撤防功能:就地布防/撤防、远距离布防/撤防、定时布防/撤防、各防区分别设置、分区设置。

b. 检查报警信息的显示。

c. 检查报警信号的记录。

d. 检查报警控制主机与管理计算机的连接。

e. 检查报警信号的传输:向固定电话的传输,无线传输,向手机传输等。

③ 在监控中心检查从现场报警至报警够控制器输出报警信号的响应速度。

④ 在监控中心模拟市电停电时检查用电源自动投入和来电时自动恢复功能。

⑤ 采用现场模拟报警状态,在监控中心控制器、管理计算机上检查系统间的联动效果。

⑥ 在监控中心管理计算机上检查各项软件功能和报警时间的记录,报警时间数据记录应为不可更改记录。

⑦ 通过运行记录检查系统工作的稳定性:系统处于正常警戒状态下,在正常大气条件下连续工作 7 天,不应产生误报警和漏警。

2. 视频安防监控系统的检测

(1)仪器设备

① 视频信号发生器

能输出多波群、对数灰度(灰电平)、彩条、彩色副载波、色同步、复合同步信号、复合色度副载波的 20T 正弦平方波脉冲和条信号等;输出信号:0 ~ 2.0V(p - p)输出阻抗 75Ω;行频频率:15.625 kMz;色彩负载波频率:4.433 618 75MHz。

② 视频扫频信号发生器

频率范围:50kHz ~ 10MHz;固定频标(MHz):0.50,1.00,2.00,3.00,4.00,4.43,5.50,6.00,7.00;可变频标:50kHz ~ 10MHz;输出信号:1.0V(p - p)75Ω 终接。

③ 视频噪声测量仪

频率范围:40Hz ~ 10MHz(频响平直度: ±2dB);测量范围:0 ~ 80dB;精度: ±1dB。

④ 阻抗桥

测量范围:0 ~ 100Ω;工作频率:100kHz ~ 10MHz;误差: ±1%。

⑤ 照度计

测量范围:0.1 ~ 100000lx;误差: ±2%。

⑥ 监视器

图像分辨率:≥800 线(中心水平);灰度等级:≥10 级;图像重显率:100%;具有报警输入接口。响应时间:≤0.05s。

⑦ 双踪示波器

频带宽度:0 ~ 20MHz;输入灵敏度:5mV(p - p)/cm;扫描时间:0.1μs/cm ~ 0.5s/cm。

⑧ 测试卡

⑨ 视频波形示波器

⑩ 视频矢量示波器

(2)检测数量及合格判定

前端设备(摄像机、镜头、护罩、云台等)抽检的数量应不低于20%且不得少于3台,不足3台时全部检测。被抽检设备的合格率为100%时为合格。

(3)检查项目

① 系统前端设备功能的检测

a. 摄像机:摄像机的选配是否与被监视的环境相匹配;分辨率及灰度是否符合要求;照度指标是否与现场条件相匹配。

b. 镜头:是否满足被监视目标的距离及视角要求;镜头的调节功能包括光圈调节、焦距调节、变倍调节是否正常。

c. 云台:摄像机云台的水平、俯仰方向的转动是否平稳、旋转速率是否符合要求;旋转范围是否满足监视目标的需要,有无盲区;一体化球机的转动功能检查。

d. 护罩、支架:摄像机的护罩选配是否符合要求,特别是室外用摄像机护罩是否符合全天候要求;固定摄像机的支架是否符合要求。

e. 解码器(箱):解码器功能是否满足要求,是否支持对摄像机、镜头、云台的控制;是否为云台、摄像机供电;是否为雨刷、灯光、电源提供现场开关量节点。前端设备是否具有现场脱机自测试和现场编制功能。

② 图像质量检测

a. 监视器与摄像机数量的比例是否符合要求。

b. 检查视频信号在监视器输入端的电压峰值,应为1V(p-p)±3dB。

c. 图像应无损伤和干扰,达到4分标准。

d. 图像的清晰度是否符合要求,黑白电视系统不应低于350线,彩色电视系统不应低于270线。

e. 系统在低照度使用时,监视画面应达到可用图像要求。

f. 数字式视频监控系统的图像质量(包括实时监视图像质量与录像回放图像质量)是否符合要求。

③ 系统控制功能检验

a. 编程功能检验。通过控制设备键盘可手动或自动编程,实现对所有的视频图像在指定的显示器上进行固定或时序显示、切换。

b. 遥控功能检验。控制设备对云台、镜头、防护罩等所有前端受控部件的控制应平稳、准确。

④ 监视功能检验

a. 监视区域应符合设计要求。监视区域内照度应符合设计要求,如不符合要求,检查是否有辅助光源。

b. 对设计中要求必须监视的要害部位,检查是否实现监视、无盲区。

⑤ 显示功能检验

a. 单画面或多画面显示的图像应清晰、稳定。

b. 监视画面上应显示日期、时间及所监视画面前端摄像机的编号或地址码。

c. 应具有画面定格、切换显示、多路报警显示、任意设定视频警戒区域等功能。

⑥ 记录功能检验

a. 对前端摄像机所摄图像应能按设计要求进行记录,对设计中要求必须记录的图像应连续、稳定。

b. 记录画面上有记录日期、时间及所监视画面前端摄像机的编号或地址码。

c. 应具有存储功能。在停电或关机时,对所有的编程设置、摄像机编号、时间、地址等均可存储,一旦恢复供电,系统应自动进入正常工作状态。

⑦ 回放功能检验

a. 回放图像应清晰,灰度等级、分辨率应符合设计要求。

b. 回放图像画面应有日期、时间及所监视画面前端摄像机的编号地址码应清晰、准确。

c. 当记录图像为报警联动所记录图像时,回放图像应保证报警现场摄像机的覆盖范围,使回放图像能再现报警现场。

d. 回放图像与监视图像比较应无明显劣化,移动目标图像的回放效果应达到设计和使用要求。

⑧ 报警联动功能检验

a. 当入侵报警系统有报警发生时,联动装置应将相应设备自动开启。报警现场画面应能显示到指定监视器上,应能显示出摄像机的地址码及时间,应能单画面记录报警画面。

b. 当与入侵探测系统、出入口控制系统联动时,应能准确触发所联动设备。

⑨ 图像丢失报警功能检验

当视频输入信号丢失时,应能发出报警。

(4)检测方法

① 视频监控系统质量的主观评价

a. 系统图像质量的主观评价标准:

对图像质量的要求是:图像清晰度好,层次应分明,无明显的干扰、畸变或失真;彩色还原性好,不能有明显的失真。

常用的系统质量主观评价的标准有五级损伤制标准(五级质量制)或七级比较制。

五级损伤制标准(五级质量制):

系统的图像质量按《彩色电视图像质量主观评价方法》(GB 7401—1987)中对五级损伤制标准的规定进行主观评价。评价标准见表3－18。

视频监控系统图像质量五级损伤制标准　　表3－18

序号	评分分级	图像质量损伤的主观评价
1	5分(优)	图像上不觉察有损伤或干扰存在
2	4分(良)	图像上有稍可察觉的损伤或干扰,但不令人讨厌
3	3分(中)	图像上有明显察觉的损伤或干扰,令人讨厌
4	2分(差)	图像上损伤或干扰较严重,令人相当讨厌
5	1分(劣)	图像上损伤或干扰极严重,不能观看

系统的主观评价得分值应不低于4分。

七级比较制:七级比较制是将一个基准图像与被测试的图像同时显示,由评价人员对两者做出比较判断,并给出评分,见表3－19。

视频监控系统图像质量七级比较制　　表3－19

序号	等级	与基准图像质量的比较	序号	等级	与基准图像质量的比较
1	+3分	比基准图像质量好得多	5	－1分	比基准图像质量稍差点
2	+2分	比基准图像质量显得较好	6	－2分	比基准图像质量显得较差
3	+1分	比基准图像质量稍好	7	－3分	比基准图像质量差得多
4	0分	与基准图像质量相同			

b. 随机杂波对图像影响的主观评价:

随机杂波对图像的影响一般不进行信噪比测试，而采用主观评价方法。随机杂波对图像影响的主观评价标准见表3－20。

随机杂波对图像影响的主观评价　表3－20

序号	评价等级	影响程度	序号	评价等级	影响程度
1	5	不察觉有杂波	4	2	杂波较严重，很讨厌
2	4	可察觉有杂波，但不妨碍观看	5	1	杂波严重，无法观看
3	3	有明显杂波，有些讨厌			

随机杂波对图像影响的主观评价得分不应低于4级。

c. 系统质量主观评价的要求：

系统质量主观评价时所用的信号源必须是高质量的，必要时可采用标准信号发生器或标准测试卡；系统应处于正常工作状态；对视频图像进行主观评价时应选用高质量的监视器；观看距离为监视器荧光屏图像高度的6倍；观看室内的环境应光线柔和适度、照度适中，彩色、亮度、对比度调节适中。

d. 系统质量主观评价的方法：

参与系统质量主观评价的人员一般为5～7人，由专业人员和非专业人员组成；主观评价人员经过独立观察，对规定的各项参数逐项打分，取其平均值计为主观评价结果；在主观评价过程中如对某一项参数不合格或有争议时，则应以客观测试为准。

e. 系统质量主观平价的结论：

在五级损伤制标准（五级质量制）中，当每项参数均不低于4级时定位为系统主观评价合格。在主观评价过程中，如有发现不符合规定要求的性能时，允许对系统进行必要的维修或调整，经维修和调整后应对全部指标重新进行评价。

② 视频监控系统质量客观测试

a. 系统质量客观测试分系统功能测试和性能测试两类：

系统功能测试内容如表3－21。

视频监控系统功能测试内容　表3－21

序号	测试项目	规定值	实测值	序号	测试项目	规定值	实测值
1	云台水平转动			6	切换功能		
2	云台垂直转动			7	录像功能		
3	自动光圈调整			8	后焦距调整		
4	调焦功能			9	报警功能		
5	变倍功能			10	防护套功能		

系统性能测试内容如表3－22。

视频监控系统性能测试内容　表3－22

序号	测试项目	规定值	实测值	序号	测试项目	规定值	实测值
1	信号幅度			5	黑白电视系统电源干扰		
2	灰度			6	黑白电视系统单频干扰		
3	黑白电视水平清晰度			7	黑白电视系统脉冲干扰		
4	黑白电视系统信噪比			8	彩色电视水平清晰度		

续表

序号	测试项目	规定值	实测值	序号	测试项目	规定值	实测值
9	彩色电视系统信噪比			12	彩色电视系统脉冲干扰		
10	彩色电视系统电源干扰			13	供电		
11	彩色电视系统单频干扰						

b. 系统质量客观测试的允许值

系统随机信噪比及各种信号干扰的允许值见表3-23。

随机杂波对图像的影响，一般都采用主观评价，不进行信噪比测试，若有争议时，在进行客观测试，其客观评价等级如表3-24。

系统随机信噪比和信号干扰客观测试的允许值 **表3-23**

序号	项目	允许值(dB)	
		黑白电视系统	彩色电视系统
1	随机信噪比	37	36
2	单频干扰	40	37
3	电源干扰	40	37
4	脉冲干扰	37	31

随机杂波信噪比对图像的影响客观评价等级 **表3-24**

序号	信噪比(dB)		评价等级
	黑白电视系统	彩色电视系统	
1	40以上	40以上	5
2	37	36	6
3	31	28	3
4	25	19	2
5	17	13	1

c. 客观测试的工程检测方法

在实际安全防范工程中对视频监控系统的检测主要采用清晰度测试卡测试系统图像显示的分辨率。具体做法是：在摄像机的实际工作环境下，检查摄像机对清晰度测试卡上的渐近条纹的拍摄，然后读取条纹开始模糊处的标记读数，如标记为4，则认为是400电视线。

d. 客观测试的综合检测方法

客观测试时根据工程的级别，有关标准对系统中探测(信号采集与处理)、传输和显示记录各部分的指标分别有要求，详见表3-25。

视频监控系统客观测试的综合检测标准 **表3-25**

级别	系统规模分级输入图像路数	系统功能与设备性能技术指标		
		探测	传输	显示记录
一级(甲级)工程	>128路	1. 最低现场照度≥0.5lx，此时的镜头光圈在f1.4 2. 输出信噪比≥45dB 3. 分辨率≥450TVL	1. 信噪比≥49dB 2. 视频信道带宽≥7.5MHz	1. 视频信号分配器的信噪比≥47dB 2. 显示设备的信噪比≥47dB 3. 显示分辨率≥470TVL 4. 单画面记录分辨率≥350TVL 5. 单画面记录回放分辨率≥350TVL
二级(乙级)工程	16路<输入录像路数≤128路	1. 最低现场照度≥1lx，此时的镜头光圈在f1.4 2. 输出信噪比≥45dB 3. 分辨率≥400TVL	1. 信噪比≥47dB 2. 视频信道带宽≥7MHz	1. 视频信号分配器的信噪比≥42dB 2. 显示设备的信噪比≥42dB 3. 显示分辨率≥420TVL 4. 单画面记录分辨率≥300TVL 5. 单画面记录回放分辨率≥300TVL

续表

级别	系统规模分级输入图像路数	系统功能与设备性能技术指标		
		探测	传输	显示记录
三级(丙级)工程	≤16路	1. 最低现场照度≥2lx,此时的镜头光圈在f1.4 2. 输出信噪比≥40dB 3. 分辨率≥350TVL	1. 信噪比≥42dB 2. 视频信道带宽≥6MHz	1. 视频信号分配器的信噪比≥40dB 2. 显示设备的信噪比≥40dB 3. 显示分辨率≥370TVL 4. 单画面记录分辨率≥300TVL 5. 单画面记录回放分辨率≥300TVL

3. 出入口控制系统检测

(1) 仪器设备

声级计;秒表。

(2) 检测数量及合格判定

出/入口控制系统的前端设备(各类读卡器、识别器、控制器、电锁等)抽检的数量应不低于20%,且不得少于3台,不足3台时全部检测;被抽检设备的合格率为100%时为合格。系统功能、软件和数据记录的保存等全部检测,功能符合设计要求为合格,合格率为100%时为系统功能监测合格。

(3) 检测项目

① 出入目标识读装置功能检验

a. 出入目标识读装置的性能应符合相应产品标准的技术要求。

b. 目标识读装置的识读功能有效性应满足GA/T394的要求。

② 信息处理/控制设备功能检验

a. 信息处理/控制/管理功能应满足设计要求。

b. 对各类不同的通行对象及其准入级别,应具有实时控制和多级程序控制功能。

c. 不同级别的入口应有不同的识别密码,以确定不同级别证卡的有效进入。

d. 有效证卡应有防止使用同类设备非法复制的密码系统,密码应能修改。

e. 控制设备对执行机构的控制应准确、可靠。

f. 对于每次有效进入,都应自动存储该进入人员的相关信息和进入时间,并能进行有效统计和记录存档。可对出入口数据进行统计、筛选等数据处理。

g. 应具有多级系统密码管理功能,对系统中任何操作均有记录。

h. 出入口控制系统应能独立运行。当处于集成系统中时,应可与监控中心联网。

i. 应有应急开启功能。

③ 执行机构功能检验

a. 执行机构的动作实时、安全、可靠。

b. 执行机构的一次有效操作,只能产生一次有效动作。

④ 报警功能检验

a. 出现非授权进入、超时开启时应能发出报警信号,应能显示出非授权进入、超时开启发生的时间、区域或部位,应与授权进入显示有明显区别。

b. 当识读装置和执行机构被破坏时,应能发出报警。

⑤ 访客(可视)对讲电控防盗门系统功能检测

a. 室外机与室内机应能实现双向通话,声音应清晰,应无明显噪声。

b. 室内机的开锁机构应灵活、有效。

c. 电控防盗门及防盗门锁具应符合 GA/T 72 等相关标准要求,应有有效的质量证明文件;电控开锁、手动开锁及用钥匙开锁,均应正常可靠。

d. 具有报警功能的访客对讲系统报警功能应符合入侵报警系统相关要求。

e. 关门噪声应符合设计要求。

f. 可视对讲系统的图像应清晰、稳定。图像质量应符合设计要求。

(4)检测方法

对出入口控制(门禁)系统的检测以功能性检测为主。

① 在现场采用模拟的方法,检查各类识别器的工作情况

a. 对有效卡的识别功能,应给出放行信号。

b. 检查识别器的“误识”和“拒识”情况。

c. 用秒表检查识别的速度。

② 人工制造无效卡、无效时段、无效时限,检查识别器、控制器的工作情况

a. 对无效卡、无效时段、无效时限的版别符合要求,系统拒绝放行。

b. 识别器对误闯时向监控中心报警的情况。

c. 检查监控中心的误闯记录。

③ 识别器的其他功能检测

a. 采用模拟方法对识别器的防破坏功能检查,包括:防拆卸、防撬功能,信号线断开、短路,电源线断开等情况的报警。

b. 通过不同的读卡器距离检测非接触式读卡器的灵敏度是否符合产品的指标。

c. 具有液晶显示器的读卡器,应通过目测观察,检查读卡时相应信息的显示,如:有效、读错误、无效卡、无效时段等。

d. 密码开锁功能检测:读卡器一般都配有辅助的密码开锁功能,通过目测观察检查其密码开锁功能。

e. 通过观察和检查运行记录,对识别器,特别是生物特征识别器的“误识率”和“拒识率”进行检查。

④ 控制器功能检测

a. 采用模拟方法对控制器的防破坏功能检测,包括:防拆卸、防撬功能,信号线断开、短路,剪断电源线断开等情况的报警。

b. 用秒表检测控制器前端响应时间,即从接受到读卡信息到做出动作时间应 $<0.5s$,确保对有效卡可以立即打开通道门。

c. 用目测观察检查控制器在离线工作时的独立工作功能,应符合准确、实时的要求,并能准确地存储通行信息。

d. 检查出门按钮按下时,门禁控制器、电控锁的动作是否正常。

e. 直接由管理计算机给出指令,对控制器进行开锁或闭锁检查。

f. 采用模拟方法检查对非通行(无效卡、无效时段等)的报警功能。

⑤ 系统监控功能的检测

a. 现场控制器的完好率和接入率。

b. 和门禁控制器间进行信息传输功能,当门禁控制器允许通行时在监控中心工作站上应有通行者的信息、门磁开关的状态信息等。

c. 有关通行信息、图象信息往现场控制器下载的功能,以及对控制信息的增、删、修改功能。

d. 管理计算机对控制器指令开锁或闭锁的功能。

e. 对门禁点人员通行情况的实时监控功能。

f. 系统对非法强行入侵、误闯时报警的功能。

g. 对控制器通信回路的自动检测功能，当通信线路故障时，系统给出报警信号。

h. 在管理中心对现场的控制器进行授权、时间区设定、报警设布/撤防等操作。

⑥ 模拟市电停电时，检查控制器充电电池自动投入功能

a. 检查市电正常供电时，对充电电池的充电功能是否正常。

b. 检查市电供电掉电、直流欠压时，给系统发出报警信号。

c. 检查市电停电时，充电电池是否在规定时间内自动切换到市电供电；蓄电池能支持工作 8h 以上。

d. 检查市电恢复供电时，现场控制器是否在规定时间内自动切换到市电供电。

e. 检查充电电池自动切换过程中控制器存储的记录有无丢失。

⑦ 在监控中心管理计算机上检查系统那个间的联动效果，系统联动功能的检测应根据工程的具体要求进行一下检查：

a. 火灾自动报警及消防联动系统报警时出入口控制系统的联动。

b. 入侵报警系统报警时与出入控制系统的联动。

c. 出入口控制系统报警时与视频监控系统的联动。

d. 巡更管理系统报警时与出入口控制系统的联动。

⑧ 在监控中心管理计算机上检查各项软件功能和事件的记录，演示软件的所有功能并检查：

a. 系统软件的汉化、图形化界面友好程度，人机操作界面是否简单、方便、实用。

b. 系统软件的管理功能：可通过软件对控制器进行设置，如增加卡、删除卡、设定时间表、级别、日期、时间、布/撤防等功能的设置。

c. 对具有电子地图功能的软件，可在电子地图上对门禁点进行定义，查看详细信息，包括：门禁状态、报警信息、门号、通行人员的卡号及姓名、进入时间、通行是否成功等信息。

d. 数据记录的查询功能：可按部门、日期、人员名称、门禁点名称等查询事件报警。

e. 系统应具有自检功能，当系统发生故障时，管理计算机应以声音或文字发出报警。

f. 系统安全性：对系统操作人员的分级授权功能。

g. 通过检查运行记录，检查系统软件长时间连续运行的稳定性，如：有无死机现象，有无操作不灵现象。

h. 在软件测试的基础上，对软件给出综合评价。

⑨ 在监控中心管理计算机上检查事件的记录

a. 检查控制器和监控中心管理计算机的通行数据记录，两者应一致。

b. 检查控制器和监控中心管理计算机中的非法入侵事件记录，两者应一致。

c. 检查监控中心管理计算机对现场控制器的操作记录。

d. 检查数据存储的时间是否符合管理要求。

4. 电子巡更系统的检验

(1) 检测数量及合格判定

巡更终端抽检的数量应不低于 20%，且不得少于 3 台，不足 3 台时全部检测。被抽检设备的合格率为 100% 时为合格。

(2) 检测项目

① 巡查设置功能检验。

在线式的电子巡查系统应能设置保安人员巡查程序，应能对保安人员巡逻的工作状态(是否准时、是否遵守顺序等)进行实时监督、记录。当发生保安人员不到位时，应有报警功能。当与入侵报警系统、出入口控制系统联动时，应保证对联动设备的控制准确、可靠。离线式的电子巡查系

统应能保证信息识读准确、可靠。

② 记录打印功能检验。应能记录打印执行器编号，执行时间，与设置程序的比对等信息。

③ 管理功能检验。应能有多级系统管理密码，对系统中的各种状态均应有记录。

(3)检测方法

① 离线式巡更系统的检测以功能性为主

a. 目测观察检查现场巡更钮的防破坏功能，包括：防拆卸、防撬功能，有无电磁干扰。

b. 用目测观察检查巡更设备是否完好，功能是否正常，包括：巡更棒、下载器等。

c. 通过软件演示检查巡更软件的功能，包括：

对巡更班次、巡更路线设置等功能的检查；软件启动口令保护功能、防止非法操作等的检查；应能准确显示巡更钮的信息。

d. 检查巡更记录

检查巡更人员、巡更路线、巡更时间等记录的存储和打印输出等功能；可按人名、时间、巡更班次、巡更路线对巡更人员工作情况进行查询、统计等检查；检查防止巡更数据和信息被恶意破坏或修改的功能；检查管理软件数据下载、报表生成和查询功能。

② 在线式巡更系统的检测，以功能性检测为主。

a. 系统前段设备的功能检测

采用模拟方法对读卡器，或巡更开关的防破坏功能检查，包括：防拆卸、防撬功能，信号线断开、短路，电源线断开短路情况的报警。

b. 系统功能的检测

检查系统和读卡器间进行的信息传输功能，包括：巡更路线和巡更时间设置数据的传输，现场巡更记录向监控中心的传输；检查系统的编程修改功能：进行多条巡更线路和不同巡更时间间隔设置、修改；在监控中心对现场的读卡器进行授权、取消授权、布防/撤防功能检查；用人工制造无效卡、对巡更点漏检、不按规定路线、不按规定时间(提前到达及未能按时到达指定巡更点)等异常巡更事件，检查巡更异常时的故障报警情况，监控主机应能立即接收报警信号，并记录巡更情况；检查对读卡器通信回路的自动检测功能，当通信线路故障时，系统给出报警信号。

c. 在控制中心管理计算机上检查系统管理软件，并演示软件的所有功能

系统软件的稳定性、图形化界面友好程度、系统软件的管理功能，是否可通过软件对读卡器进行设置，如增加卡、删除卡、设定时间表、级别、日期、时间、布/撤防等功能的设置；对巡更线路、巡更时间的设置、修改；对具有电子地图功能的软件，可在电子地图上对巡更点进行定义、查看详细信息，包括：巡更路线、巡更时间、报警信息显示、巡更人员的卡号及姓名、巡更是否成功等信息；数据记录的查询功能：可按日期或人员名称、巡更点名称等查询事件记录；系统安全性：对系统操作人员的分级授权功能，对系统操作信息的存储记录。在软件测试的基础上，对软件给出综合的评价。

d. 在监控中心管理计算机上检查系统的联动功能，系统联动功能的检测应根据工程的具体要求进行以下检查：巡更管理系统报警时与视频监控系统的联动；巡更管理系统报警时与出入口控制系统的联动。

e. 巡更数据记录的检查

检查正常巡更的数据记录；按保安员检查巡更记录；检查巡更报警记录及应急处理记录；检查巡更数据和信息的防止被恶意破坏或修改的功能；数据存储的时间应符合要求。

f. 检查巡更管理制度

检查对巡更员的安全保障措施；检查巡更报警时的应急预案。

5. 停车(场)管理系统

(1) 检测数量及合格判定

停车场(库)管理系统功能、联动功能和数据图像记录的保存等应全部检测,功能符合设计要求为合格,合格率为100%时为系统功能检测合格。

图像对比系统的车牌识别系统应全部检测,功能符合设计要求为合格,对车牌的自动识别率达98%时为检测合格。

(2)检测项目

① 识别功能检验:对车型、车号的识别应符合设计要求,识别应准确、可靠。

② 控制功能检验:应能自动控制出入挡车器,并不损害出入目标。

③ 报警功能检验:当有意外发生时,应能报警。

④ 出票、验票功能检验:在停车库(场)的入口区、出口区设置的出票装置、验票装置,应符合设计要求,出票验票均应准确、无误。

⑤ 管理功能检验:应能进行整个停车场的收费统计和管理(包括多个出入口的联网和监控管理);应能独立运行,应能与安防系统监控中心联网。

⑥ 显示功能检验:能明确显示车位,应有出入口及场内通道的行车指示,应有自动计费与收费金额显示。

(3)检测方法

① 系统前端设备的功能检测

a. 车辆探测器

用一辆车或一根铁棍($\Phi10\times200$mm 左右)分别压在出、入口的各个感应线圈上,检查感应线圈是否有反应,并检查探测器的灵敏度;探测器有无电磁干扰。

b. 读卡机

分别用实际使用的各类通行卡(贵宾卡、长期卡、临时卡等)检验出、入口读卡机对有效卡的识别能力,有无"误识"和"拒识"的情况。

分别用实际使用的通行卡检验出、入口非接触式感应卡读卡机的读卡距离和灵敏度,应符合设计要求。读卡机的读卡距离:按设计要求,分别在设计读卡距离的0%、25%、50%、75%、100%等5个距离上检验读卡机的读卡效果;读卡机的响应时间应小于2s。

分别用无效卡在入口站、出口站进行功能检查,读卡机应发出拒绝放行信号,并向管理系统报警。

c. 发卡(票)机

实际操作和目测观察检查入口处发卡(票)机功能是否顺畅,是否每次一卡,有无一次吐多张卡或吐不出卡等现象;检查卡上记录的车辆进场日期、时间、入口点等数据是否准确无误。

d. 控制器

用观察和秒表分别检查出、入口控制器动作的响应时间,应符合要求;用实际操作分别检查应急情况下对出、入口点控制器的手动控制功能;分别检查管理中心对出、入口控制器的控制作用;分别检查出、入口控制器与消防系统和入侵报警系统的联动功能。

e. 自动栏杆

分别检查出、入口自动栏杆的手动、自动、遥控升降功能;升降速度、运行噪声应符合要求;用模拟方法分别检查出、入口栏杆的防砸车功能。当栏杆下有"车辆"时,手动操作栏杆下落,检查栏杆是否会下落;当栏杆下落过程中碰到阻碍时,栏杆是否自动抬起。

f. 满位显示器

检查满位显示器显示的数据是否与停车场内的实际空车位数相符。

② 系统管理功能的检测

a. 检查管理系统中心对出、入口管理系统的管理是否达到设计要求。

b. 检查管理计算机与出、入口管理站的通信是否正常。

c. 对临时停车户的管理包括计费是否准确、收费是否达到设计要求。

d. 图像对比功能的检测：

检查出、入口摄像机摄取的车辆图像信息(包括车型、颜色、车牌号)是否符合车型可辨认、颜色失真小、车牌字符清晰的要求；检查车辆图像信息在图像管理计算机中的存储情况；检查图像调用的正确性，调用的响应时间应符合要求；采用车牌自动识别时检查识别情况，应满足识别率大于98%。

③ 检查管理计算机的软件功能，采用软件演示和实际操作

a. 系统安全性：对系统财政人员的分级授权功能。

b. 系统对日期、时间的设置、修改，并下载至读卡机、发卡(票)机和控制器。

c. 收费类型的设置：年租、季租、月租、固定、免费、计时、计次等。

d. 计费标准的设置、修改，按车型、停车时间设置计费标准。

e. 系统的统计、报表管理、备份数据等功能，查询功能。

f. 对卡管理的安全性检测，包括：

未进先出；入库车辆未出库，再次持该卡进场(“防折返”功能)；已出场的卡再重复出场一次；临时卡未交款先出场；临时卡交款先出场；临时卡交款后在超出规定的时间后出场；出场车辆的卡号和进场时车辆的车牌号、车型不同等。

④ 系统联动功能的检测

系统联动功能的检测应根据工程的具体要求进行以下检查：

a. 火灾自动报警及消防联动系统报警时与停车场(库)管理系统的联动。

b. 入侵报警系统报警时与停车场(库)管理系统的联动。

⑤ 图像及数据记录的检测

a. 检查管理中心的车辆通行数据记录。

b. 检查管理中心的通行车辆的图像数据记录。

c. 检查管理中心的临时停车收费数据记录。

6. 安全防范综合管理系统的检测

(1) 检测数量及合格判定

综合管理系统功能、对各子系统的通信接口和对各子系统的管理功能应全部检测，功能符合设计要求为合格，合格率为100%时为系统功能检测合格。

(2) 检测项目

① 对子系统的通信接口。

② 综合管理功能的检测：各子系统的信息共享、对各子系统的控制功能等。

③ 系统联动功能的检测。

(3) 检测方法

① 对与子系统通信接口的检测

a. 检查与各子系统的数据通信接口。

b. 检查综合管理系统对各子系统的管理命令的发送，并检查子系统的响应情况，是否准确、实时、一致。

c. 检查各子系统向综合管理系统传输监视图像、报警信息情况，是否准确、实时、一致。

② 综合管理功能的检测

a. 对视频监控系统的监视点、显示图像和图像记录进行设置，并向综合管理系统传输监视点

的图像信息。

b. 对视频监控系统的摄像机进行操作，检查向综合管理系统传输图像信息是否随操作而变化。

c. 对入侵报警系统的防区布防、撤防进行设置管理，并向综合管理系统传输报警信号。

d. 对出入口控制（门禁）系统进行系统参数设置，登陆、删除卡、时段和时限设置，并向综合管理系统传输报警信号。

e. 对巡更系统的巡更线路、巡更时间进行设定、启动，并向综合管理系统传输报警信号。

f. 对停车场（库）管理系统的出入口管理、计费管理的设置，并向综合管理系统传输通行信息。

g. 检查综合管理系统监控站对各子系统报警信息的显示、记录、统计功能；并确认与子系统的记录是否一致。

h. 检查综合管理系统监控站的数据表打印、报警打印功能。

i. 对综合管理系统监控站的软硬件功能的检测，包括操作的方便性，人机界面应友好、汉化、图形化。

③ 系统联动功能检测

a. 检查火灾自动报警及消防联动系统报警时，通过综合管理系统与视频安防监控子系统、出入口管理子系统、停车场（库）管理子系统和入侵报警子系统间的联动信号。

b. 检查入侵报警子系统报警时，通过综合管理系统与视频安防监控子系统、出入口管理子系统、停车场（库）管理子系统之间的联动信号。

c. 检查入侵报警子系统报警时，通过综合管理系统与建筑设备监控、公共广播系统的联动信号。

d. 检查出入口管理子系统报警时，通过综合管理系统与视频安防监控子系统的联动信号。

e. 检查巡更管理子系统报警时，通过综合管理系统与视频安防监控子系统、出入口管理子系统的联动信号。

f. 在综合管理系统监控站模拟火灾自动报警及消防联动系统报警信号，综合管理系统监控站向各子系统发送联动信号的正确性。

7. 安装质量检查

（1）检测数量及合格判定

现场设备安装质量应符合《建筑电气安装工程施工质量验收规范》（GB 50303—2002）第六章及第七章设计文件和产品技术文件的要求，检查合格率达到100%时为合格。

现场安装的摄像机、各类探测器、控制器、电锁、停车场（库）等设备：抽检的数量不应低于20%，且不得少于3台，不足3台时全部检测；被抽检设备的安装的合格率为100%时为合格。

监控中心安装的设备全部检测，安装合格率为100%时为合格。

（2）检查项目

① 现场设备安装质量

a. 摄像机（包括镜头、防护罩、支撑装置、云台）的安装位置、外观、视野范围、安装质量及紧固情况。

b. 各类探测器安装位置、安装质量及外观。

c. 现场控制器（包括门禁控制器、车库控制器等）安装位置、安装质量及外观。

d. 电锁安装位置，安装质量及外观，开关性能、灵活性。

e. 辅助电源安装位置和安装质量。

f. 现场设备接线的标志、排列、固定、绑扎质量。接插头安装质量，接线盒接线质量。

g. 接地线的材料、焊接质量和接地电阻。

② 监控中心设备安装质量

a. 监视器、电视墙的安装位置、安装质量。

b. 控制台与机架安装垂直度、水平度，控制台与电视墙的距离是否合理等。

c. 设备（包括视频矩阵、报警控制器、记录设备）安装位置、质量及外观。

d. 开关、按钮的位置是否合理，操作是否灵活、安全。

e. 监控中心的支架、线槽的安装质量；缆线的敷设、排列、绑扎、标志及接插头安装质量。

f. 设备接地线的材料、焊接质量和接地电阻。

g. 电源和信号的防雷措施。

(3)检测方法

现场实地目测检查设备的安装位置是否合理、安装方式是否规范，以及安装观感质量的检查。

思　考　题

1. 简要叙述安全防范系统工程检验实施细则。

2. 简要叙述出具检测报告的依据。

3. 叙述安全防范系统工程对检测单位，检测用仪器设备的要求。

4. 什么是技术防范？

第六节　住宅智能化系统检测

一、概述

住宅（小区）智能化（CI：Community Intelligent）是将建筑技术与现代计算机技术、信息与网络技术、自动控制技术相结合，使住宅小区具备安全防范系统、火灾自动报警和消防联动系统、信息网络系统、物业管理系统等，集管理、信息和服务于一体，向住户提供安全、节能、高效、舒适、便利的人居环境。

住宅（小区）智能化应包括火灾自动报警和消防联动系统、安全防范系统、通信网络系统、信息网络系统、设备监控与管理系统、家庭控制器、综合布线系统、电源和接地、环境、室外设备和管网等。本章仅对住宅（小区）特有的智能化系统的检测作介绍，其他如通信网络系统、信息网络系统、综合布线系统、电源和接地、环境等的检测参照本书相关章节的内容。

住宅（小区）智能化与建筑智能化有一定的区别。虽然它们实现智能化的技术手段是相同的，但服务对象、功能以及技术要求是不同的。住宅（小区）智能化具有更广域的空间，而不是集中在建筑物内。控制方式采取集散式的模式。住宅（小区）智能系统由于受到房屋售价的市场约束作用，它的投资强度要远远低于建筑智能化，因而更加注重性能价格比。

二、检测依据

《智能建筑工程质量验收规范》（GB 50339—2003）；

《智能建筑工程检测规程》（CECS 182:2005）；

《建筑智能化系统工程检测规程》（DB 32/365—1999）；

《建筑电气工程施工质量验收规范》（GB 50303—2002）；

《智能建筑设计标准》（GB 50314—2006）；

《建筑及居住区数字化技术应用 第2部分：检测验收》（GB/T 20299.2—2006）。

三、检测方法

1. 访客对讲系统的检查

现场查看门口机、室内机和管理员机等，逐项验证其功能，符合设计要求为合格。

2. 设备监控与管理系统的检测

(1)设备监控与管理系统的检测应包括以下项目

① 建筑设备监控系统。

② 公共广播和紧急广播系统。

③ 表具数据自动抄收和远传系统。

其中①、②分别参照本章第一节和第四节里的检测方法。

(2)表具数据自动抄收和远传系统检测

① 检测数量及合格判定

表具数据自动抄收和远传系统的每类表具应按10%且不得少于10台抽检，其他设备均应全数检测；物业管理系统应全数检测。检测结果符合设计要求为合格，被检设备和系统的合格率应为100%。系统对用户水表、电表、燃气表等一次数据抄读的总差错率不应大于1%。

② 对园区表具数据自动抄收和远传系统的检测应采用下列方法：

a. 用观察实物和查验产品证书，检查表具是否符合国家现行产品标准要求。

b. 用实地检查表具和物业中心的记录，检查表具数据的远传功能和物业中心的数据抄收功能。

c. 用软件演示，抽检在三个不同时间段中住户所有表具的远传数据功能是否正常。

d. 用软件演示，检查系统对复费率计费支持的功能。

e. 用实地检测和检查记录，查验表具在断电后的数据保存功能，要求能保存4个月以上的记录数据。

f. 用模拟断电的方法，检查在电源恢复后的数据保持功能，应满足电源恢复后数据不丢失的要求。

g. 用人为设置故障的方法，检查表具数据自动抄收和远传的故障报警功能。

h. 用模拟方法检查表具和传输线路的防破坏功能。

i. 用实测和比对方法，检查表具采集的数据与物业中心远传数据的一致性。

3. 家庭控制器的检测

(1)检测数量及合格判定

应按10%且不得少于10台抽检；管理系统功能应全数检测。与家庭控制器配套的探测器的抽检数量，应按安全防范系统检测的有关规定执行。家庭控制器与通信网络和信息网络接口的检测，应按通信网络系统和信息网络系统检测的有关规定执行。检测结果符合设计要求为合格，被检设备的合格率应为100%。

(2)检测项目及操作

① 家庭控制器的报警检测

a. 用目测观察，检查感烟探测器、感温探测器、可燃气体泄漏探测器等的安装。

b. 用目测观察，检查入侵报警探测器的安装。

c. 用实地试验，检查家庭报警的撤防、布防、布防延时和控制等功能。

② 家庭控制器紧急求助功能的检测

a. 用实地检查或查看设计图纸，检查每户是否有1种以上的紧急求助报警方式(手动、遥控、感应等)和每户是否安装1处以上的紧急求助报警装置，以及紧急求助报警装置是否具备夜间显示功能。

b.用实际操作,检查紧急求助按钮操作的可操作性、可靠性和是否具备防破坏报警和故障报警的功能。

c.实测检查物业中心的报警系统的报警响应、报警记录和处警情况是否满足准确、及时的要求,是否能区别求助信号的内容。

d.检查物业中心对紧急求助管理的规章制度是否完善。

③ 家庭控制器的家用电器监控功能检测

a.根据合同和设计要求,用实地操作检查对家用电器的监控功能,以及是否有误操作情况和误操作的处理功能。

b.用模拟法检查故障报警功能,以及故障报警时的家庭控制器相应的处理能力。

c.采用无线传输时,应实地检测发射频率和发射功率,发射频率和功率应符合国家现行有关标准的规定。

思考题

1.什么是智能化住宅?

2.自动抄表系统的实现主要有几种模式?

3.《智能建筑设计标准》(GB 50314—2006)中对家庭智能化的基本配置要求有哪些?

4.家庭报警探测器检测内容包括哪些末端探测器?